總是後悔錯過時機

莫非在等時光機？

財富、智慧、地位？
想成為人生勝利組，
你唯一缺乏的就是精準「理時」觀！

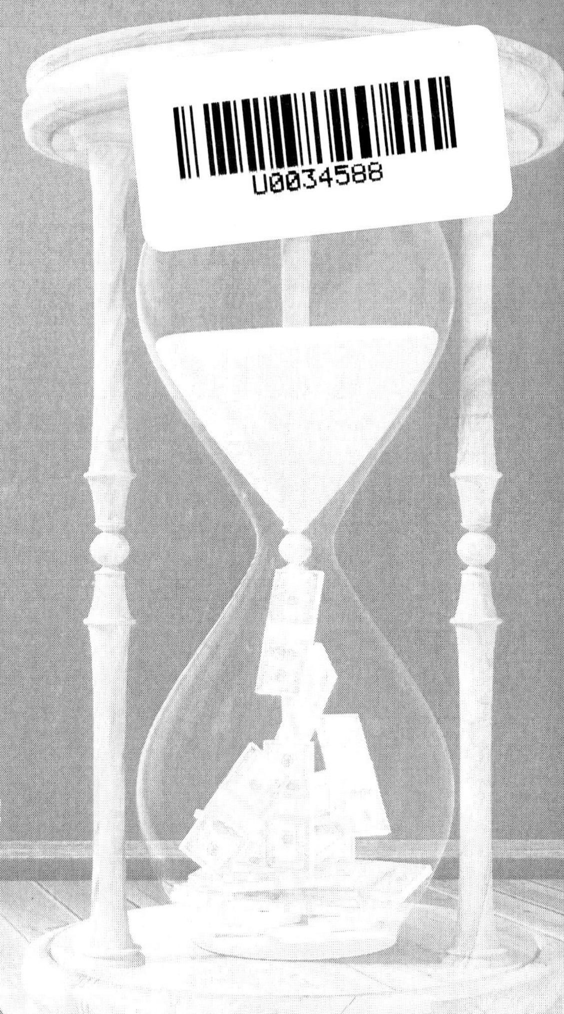

能夠精準掌控時間的人，才能成為人生的最大贏家

要怎麼樣才能成為人生勝利組？
我是不是一輩子都和人生勝利組無緣？
人生勝利組注定是高富帥與白富美的特權？

林庭峰，王雪 著

拖延症晚期、自以為一心多用、整天瞎忙？浪費時間就是在謀財害命！

守時、惜時、省時！從今天起，用對時間做對事，把一天過成48小時！

目錄

目錄

目錄

前言

你是否總感覺時間不夠用，需要更多的時間？

你是否總是四處奔忙，想更多地享受生活，卻沒有時間？

你是否很難平衡生活與工作，總是顧了這頭，顧不了那頭？

你是否覺得該做的事太多，但又不知道該如何選擇？

……

人生的一切失敗與後悔，皆因沒有「用對時間做對事」。時間是一種資源。每個人來到世界上都有相同的時間：一天24小時，每年8,760小時。有人曾粗略統計過，一個活到72歲的人時間大致是這麼花的：睡覺21年、工作14年、吃飯6年、開會3年、打電話2年、找東西1年……人一生用於工作的時間，其實還不到人生的五分之一。但是研究表明，一個人如果一小時內集中所有精力做一件事，比一天的效率還要高。由此可見，時間要善於管理，要把時間規劃好，花在值得做的事情上。

現實生活中，在時間的管理上，有的人缺乏明確的目標，一天忙到晚，卻勞而無功；有的人習慣將今天的事拖到明天再做，明日復明日，結果事情總做不完；有些人不會拒絕別人，凡事有求必應，什麼應酬都參加，結果很多時間耗

前言

費在無聊的交際中，許多事情無法完成。從一定意義上講，時間管理得好壞，將決定個人事業的成敗，命運的走向。為自己制定一個目標，今日事，今日畢，合理且實際的時間規劃才更有可行性。

「一切的節約都是時間的節約」，這一經典之語值得我們用心體會。其實，節約也是一種管理時間的方法。比如，透過排定處理順序、合理分派工作、科學分配時間、統籌時間等方法和管道，而使自己在管理時間上獲得效率。在此基礎上，認真踏實地做好每一件事，不好高騖遠，不異想天開，一步一個腳印，就會找到人生更多的精彩和價值。

句名言說得好：「你花了一生的時間爬梯子並最終達到頂端的時候，卻發現梯子架的並不是你想上的那堵牆。」

你有沒有想過你準備爬，或者是正在爬的梯子是否是你想上的那堵牆呢？如果不是，那麼回頭是岸；如果是，那你就奮力攀登吧！

我們每一個人，不管是準備求職或是已經就業的朋友，你是否真正找對了時間，管理好了我們生命當中最寶貴的時間呢？

特別是在現在這樣急劇變革的時代，我們每個人不得不面對同樣一個問題：你應該如何管理、處理、使用你所面對的時間，並且合理安排好時間，更進一步設計未來的人生，登上你夢想的巔峰呢？

善於管理時間是個觀念更是一種實踐。一棵樹苗雖然平凡渺小，但每天汲取一點養分，就能長成枝繁葉茂的參天大樹。朋友，如果你想做一個豐富的人、充實的人，那麼就請管理好每一天的時間吧！

本書從時間管理的重要性入手，向你介紹了各種實用的時間管理方法，讓你可以依據本書，對自我的時間進行梳理和調整，以便達到最完美的時間分配，令工作高效、事業成功，使生活豐富、輕鬆。本書兼具可讀性和實用性，透過生動的語言、流暢的行文、嚴謹的結構，將管理時間的技巧奉獻於你，讓你成為管理時間的高手。

前言

第1章
認識時間，做時間的主人

世界上有這樣一種奇妙的東西，它最長又最短，最慢又最快，既可擴展到億萬年無窮大，又能分割為分分秒秒無窮小，它對人類最公正而又最偏私，最慷慨而又最吝嗇；它最容易被人忽視而又最令人後悔。你珍惜它，它就對你慷慨；你忽視它，它就對你吝嗇，甚至懲罰你，讓你後悔終生。因此，它的價值最為平凡而又最為寶貴。它是什麼？它就是時間！

一寸光陰一寸金

「一寸光陰一寸金，寸金難買寸光陰。」切記：時間就是金錢。

在富蘭克林報社前面的商店裡，一位猶豫了將近一個小時的男人終於開口問店員：「這本書多少錢？」

「1 美元。」店員回答。

「1 美元？」這人又問：「能不能算便宜一點？」

「它的價格就是 1 美元。」沒有別的回答。這位顧客又看了一下子，然後問：「富蘭克林先生在嗎？」

「在，」店員回答：「他在印刷室忙著呢！」

「那好，我要見見他。」這個人堅持一定要見富蘭克林，於是，富蘭克林就被找了出來。

這個人問：「富蘭克林先生，這本書你能出的最低價格是多少？」

「1.25 美元。」富蘭克林不假思索地回答。

「1.25 美元？你的店員剛才還說 1 本 1 美元呢！」

「這沒錯，」富蘭克林說：「但是，我寧願給你 1 美元也不願意離開我的工作。」

這位顧客感到驚訝。他心想，算了，結束這場自己引起的談判吧！他說：「好，這樣，你說這本書最少要多少錢吧！」

「1.5 美元。」

「又變成 1.5 美元？你剛才不是說 1.25 美元嗎？」

「對。」富蘭克林冷冷地說：「我現在能出的最好價錢就是 1.5 美元。」這人默默地把錢放到櫃檯上，拿起書出去了。這位著名的物理學家和政治家給他上了終生難忘的一課：對於有志者，時間就是金錢。

「你熱愛生命嗎？那麼別浪費時間，因為時間是組成生命的材料。」

「記住，時間就是金錢。假如說，一個每天能賺 10 個先令的人，玩了半天，或躺在沙發上消磨了半天，他以為他在娛樂上僅僅花了 6 個便士而已。不對！他還失掉了他本可以獲得的 5 個先令……記住，金錢就其本性來說，絕不是不能升值的。錢能生錢，而且它的子孫還會有更多的子孫……誰殺死一頭生崽的豬，那就是消滅了牠的子孫萬代，如果誰毀掉了 5 先令的錢，那就是毀掉了它所能產生的一切，也就是說，毀掉了一座英鎊之山。」

這是為成功學大師所普遍推崇的美國著名的思想家班傑明‧富蘭克林（Benjamin Franklin）的一段名言。它通俗而又直接地闡釋了這樣一個道理：如果想成功，必須重視時間的價值。

做人要惜時，做事要守時。塑造自己的形象，現代人離不開時間觀念。合理安排自己的時間，有效利用自己的時間，守時、惜時、不拖延。時間一去不復返，充分利用莫等閒。

全世界的目光只會聚焦在第一名的身上。冠軍才是真正的成功者！

在非洲的大草原上，一天早晨，曙光剛剛劃破夜空，一隻羚羊從睡夢中猛然驚醒。

「趕快跑。如果慢了就可能被獅子吃掉！」

於是，起身就跑，向著太陽飛奔而去。

就在羚羊醒來的同時，一隻獅子也驚醒了。

「趕快跑。如果慢了就可能會被餓死！」

於是，起身就跑，也向著太陽奔去。

誰快誰就贏，誰快誰生存。一個是自然界獸中之王，一個是食草的羚羊，等級差異，實力懸殊，但為了生存卻面臨同一個問題——如果羚羊快，獅子就餓死；如果獅子快，羚羊就會被吃掉。

貝爾在發明電話時，另一個叫格雷的也在研究。兩人同時取得突破，但貝爾在專利局贏了——比格雷早了兩個鐘頭。

當然，他們兩人當時是不知道對方的，但貝爾就因為這 120 分鐘而一舉成名，譽滿天下，同時也獲得了巨大的財富。

誰快誰贏得機會，誰快誰贏得財富。

無論相差只是 0.1 公釐還是 0.1 秒鐘——毫釐之差，天淵之別！

在競技場上，冠軍與亞軍的區別，有時小到肉眼無法判斷。比如短跑，第一名與第二名有時相差僅 0.1 秒；又比如賽馬，第一匹馬與第二匹馬相差僅半個馬鼻子（幾公分）……

但是，冠軍與亞軍所獲得的榮譽與財富卻相差天地之遠。

時間的「量」是不會變的，但「質」卻不同。關鍵時刻一秒值萬金。

珍惜時間就是珍惜生命，難道非要等到時日不多，才能意識到生命的可貴？

「浪費時間等於謀財害命。」

在一位醫生擁擠的候診室裡，一位老人突然站起來走向值班護士。「小姐，」他彬彬有禮，一本正經地說：「我預約的時間是三點，而現在已經是四點，我不能再等下去了，請幫我重新預約，改天看病吧！」

兩個婦女在旁邊議論說：「他肯定至少是 80 歲了，他現在還能有什麼要緊的事？」

那老人轉向她們說：「我今年 88 歲了，這就是為什麼我不能浪費一分一秒的原因。」

拿破崙．希爾（Napoleon Hill）指出：利用好時間是非常重要的，一天的時間如果不好好規劃一下，就會白白浪費掉，就會消失得無影無蹤，我們就會一無所成。經驗表明，成功與失敗的界線在於怎樣分配時間，怎樣安排時間。人們往往認為，這裡幾分鐘，那裡幾小時沒什麼用，但它們的作用很大。

但是大部分的人卻總是在抱怨他們的時間不夠多，事情做不完。

對每個成功的人來說，時間管理是很重要的一環。時間是最重要的資產，每一分每一秒逝去之後再也不會回頭，問題是如何有效地利用你的時間呢？

研究時間管理之道，首先必須知道，一個小時沒有 60 分鐘。事實上，一個小時內只有利用到的那幾分鐘而已。

大家一天要浪費幾個小時呢？如果真想知道，不妨來做一個實驗。首先，找一份行事曆，把每一天劃分成 3 個小時的區域。然後再把每個小時劃成 60 分鐘的小格。在這整個星期隨時把所做的事情記錄在劃分的表格中，連續做一個星期試試看，再回頭來檢查一下行事曆，就會發現，由於拖延和管理不良，浪費了多少寶貴的光陰。

當人們了解到是如何在使用時間之後，再回頭重做一次實驗。這一次多用點心來計劃時間，把需要做和想要做的事仔細安排進你的時間表，再看效率是否會好一點。

記住一件事，時間是唯一可以賣給他人或自己的東西，對時間的利用率越高，就越可以靠他賣得好價錢。

時間就是生命

時間是一條無始無終的河流，而人類不過是這時間河中的一朵浪花。在時間的河流中，個人的生命是短暫的，甚至你還沒有醒過神來，生命就快要結束了。時間就是人的生命，人就是活在自己的時間裡，屬於自己的時間實在是太有限了。所以，你必須智慧的面對自己的時間。

時間河流中的生存智慧就是管好自己的時間，每天節約一點點，每天都要有一個合理的安排，不要讓時間浪費掉，珍惜時間就是珍惜你的生命。

「光陰似箭，日月如梭」，「黃金難買光陰，一世如白駒過隙」，「時間是金錢，時間是生命」……這些警句都是告誡人們要珍惜時間。

法國思想家伏爾泰，曾經出了一個有趣的謎語：「世界上哪樣東西是最長的又是最短的，最快的又是最慢的，最能分割的又是最廣大的，最不受重視的又是最受惋惜的;沒有它，什麼事情都做不成；它使一切渺小的東西歸於消滅，使一切偉大的東西生命不絕？」

這是什麼呢？這就是時間。高爾基的回答同樣充滿辯證法：

「世界上最快而又最慢，最長而又最短，最平凡而又最珍貴，最容易被忽視而又最令人後悔的就是時間。」

時間有長短、快慢、平凡與珍貴的區分嗎？

有，也沒有。

說有，是因為，對個人生命時間來說，時間是有區別的。

說沒有，是因為，時間是不變的，無始無終，是沒有區別的。

我們每個人都生活在自己的時間裡，區別就在於使用時間的方法不同，因而，價值和意義就不同。所以，每個人都想在自己有限的時間裡，實現人生無限的夢想。

漢代有一首題目為〈長歌行〉的樂府詩，這樣寫道：

百川東到海，
何時複西歸？
少壯不努力，
老大徒傷悲。

可見古代人對生命時間就有清醒的認識。其實，人一生下來，就應該對自己的生命時間作出安排。在他少不更事的時候，這種安排要由家長來進行，一旦他長大成人，就要對自己負責，就要安排自己的生命時間，以保證實現自己的人生目的。

安排好自己的時間，就要按照時間的安排去實踐，去實現人生的價值。

時間就是在實踐過程中一點一點失去的，在你的生活中，時間就像布袋子裡的水，存不住的，不知不覺就漏光了。

管好自己的時間，就是不要讓時間漏掉。

面對看不見，摸不著，觸不到的匆匆時光，我們經已習以為常！當我們不經意地、若無其事地經歷生活時，時光卻在我們洗手時、吃飯時、默默時義無反顧地從水盆裡、飯碗裡、雙眼前溜走！當我們企圖挽留它時，它卻輕悄地、伶俐地過去！沒有半點的蹤跡，沒有絲毫的留戀，沒有丁點的不舍！原來，我們竟然就這樣束手無策地被時光遺棄了！

古往今來，人人都知道時間是寶貴的。有了時間就可以學習、工作，就可以增加知識，創造財富。但「在逃去如飛的日子裡」，我們最終的歸宿都只能是「赤裸裸來到這世界，轉眼間也將赤裸裸的回去」，到底在這期間能「留著些什麼痕跡」，難道真的要「白白走這一遭」嗎？這是每個人在生命的盡頭驀然回首時都情不自禁地思索的問題！但匆匆人生，沒有預演，也沒有重演！我們不可能有機會算計好我們整個生命的歷程，我們無法預知未來的一刻會發生什麼事情！

時間老人給每個人的時間都是一樣的，而每個人安排時間的方法卻是截然不同的。有的人顧此失彼地活著，老在停步不前地哀悼無所建樹的昨天，結果只能蹉跎歲月；有的人東拼西湊地活著，做一天和尚撞一天鐘；有的人大智若愚地活著，總結好昨天，做好今天，掌握好明天……正確安排時間的人必將生活得充實幸福，浪費時間的人則會碌碌無為、後悔莫及。

過去的讓它過去，消失的讓它消失，只是從現在開始，不能再讓靈魂在匆匆的時光河流裡作虛無的徘徊。掌握好生命的每一分鐘，只要不空虛，永遠不後悔，任何珍惜時間的事情都可以讓生命之花綻放出奪目的色彩並散發出令人眩暈的芬芳。珍惜時間就是珍惜生命！

古人云：「一寸光陰一寸金。」人的一生說長也長，說短也很短。對於碌碌無為混日子的人的確是長，因為這過的每一天似乎都沒有意義。而對奮鬥向上的有志者，那生命的每一分鐘都是如此的寶貴的。人的時間是有限度的，要創造成功的人生，就要對自己的生命時間，從青少年到老年有一個整體的安排和規劃，有步驟地實現人生的構想。

時間是最寶貴的

一位投資專家說過：在時間和金錢這兩項資產中，時間是最寶貴的。如果你想讓時間為你增值，那麼，你賺錢的速度就要以秒來計算，要分秒必爭地捕捉瞬息萬變的商業資訊。

山姆．沃爾頓（Samuel Walton）自建立起沃爾瑪百貨商店後，他就採用先進的資訊技術為其高效的分銷系統提供保證。公司總部有一臺高速電腦，與 20 個發貨中心及上千家商店連接。透過商店付款櫃檯掃描器售出的每一件商品，都會自動記入電腦。當某一商品數量降低到一定程度時，電腦在一秒鐘內就會發出信號，向總部要求進貨。當總部電腦接到信號，在幾秒鐘內調出貨源檔案提示員工，讓他們將貨物送往距離商店最近的分銷中心，再由分銷中心的電腦安排發送時間和路線。這一高效的自動化控制使公司在第一時間內能夠全面拿捏銷售情況，合理安排進貨結構，及時補充庫存的不足，降低存貨成本，大大減少了資本成本和庫存費用。

山姆．沃爾頓（Samuel Walton）還在沃爾瑪建立了一套衛星互動式通訊系統。憑藉這套系統，沃爾頓能與所有商店的分銷系統進行通訊。如果有什麼重要或緊急的事情需要與商店和分銷系統交流，沃爾頓就走進他的廣播室並打開衛星傳輸設備，在最短的時間內把消息送到那裡。這個系統花掉了沃爾頓 7 億元，是世界上最大的民用資料庫。

沃爾頓認為衛星系統的建立是完全值得的，他說：「它節省了時間，成為我們的另一個重要競爭力。」

如果說，以分來計算時間的人比用時來計算時間的人，時間多 59 倍的話，那麼以秒來計算時間的人則比用分來計算時間的人又多 59 倍。沃爾頓建立的高科技通訊系統，可以說每分鐘都是錢。

時間無價，因為虛擲一寸光陰即是喪失了一寸執行工作使命的寶貴時光。因此，那些讓時間白白流走，或是花費在無為的玄思漫想中的行為是毫無價值的，而如果是以犧牲人的日常工作為代價的那麼必將遭到嚴厲的譴責。

其實，你的生活中，常常沒有你期待的空餘時間出現，而你的工作無法進行了怎樣的精心計畫和安排，還是會有間斷，不管是突如其來的電話，還是隨時被敲響的門都會打斷你手頭的工作，即使你為此抱怨，或者突然感到壓力迫近，也不能給你任何幫助。不管你有多忙，工作中還是常會有 10 ～ 20 分鐘的空檔出現。這樣的時間一點一滴的利用，你就會發現你能夠找出時間把你想做的事情做完。

哈里特．斯托（Harriet Stowe）夫人是一位家庭主婦，然而任何一點閒暇時間她都用來構思和創作。由於她超常的毅力和對待時間分秒必爭的態度，最終成為小說家，化平凡為輝煌，寫出了家喻戶曉的名著：《湯姆叔叔的小屋》。

當麥可．法拉第（Michael Faraday）是一個裝訂書本的學徒工時，就把所有的閒暇時光都用來做實驗了。有一次，他寫信給朋友說：「時間是我所最需要的東西。要是我能夠以一種便宜的價格，把那些整日無所事事的紳士們的每個小時，不，是每一天，給買過來該多好啊！」

喬治．史蒂文生（George Stephenson）把時間看得重若黃金，從不輕易放過。他沒有接受過任何正規教育，完全是憑著個人的勤奮自學成才的，並利用累積起來的時間完成了一些重要的工作。當他還是一個機械工程師時，就利用上夜班的機會自學了算術。

音樂巨匠莫札特（Wolfgang Amadeus Mozart）同樣惜時如金，一分一秒在他看來都貴如金玉。他經常廢寢忘食地投身於音樂創作，有時甚至不間斷地連續工作兩個夜晚一個白天，可謂勤奮之極。他的驚世之作〈安魂曲〉就是彌留之際在病榻上完成的，那時他已日薄西山，氣息奄奄了。真可謂生命不息，創作不止。

你可以利用的時間還有很多，比方你在醫院排隊等待體檢的時間，你等著開會的時間，你坐在車裡等著接孩子的時間，將這樣的時間隨便消磨過去也是不易察覺的，但是你利用這些時間完成你清單上的一件小事，或者開始制定一項計晝也是足夠的。你可以利用這些時間打個電話，寫工作報告的摘要或者瀏覽一本雜誌看它是否值得你花大量的時間去讀。其實，你只要掃一眼你的清單就可以知道每一個工作的空當可以怎樣利用，而且，你會驚奇地發現，你越是利用這些時間空當，它們就顯得越來越多。你的工作效率會因為利用這些時間空當而有所提高。

古今中外的許多名人都非常注重餘暇時間的價值。

南宋詞人李清照夫婦晚飯後習慣喝茶，他們覺得喝茶聊天是對時間的浪費，就發明了一種別具一格的「茶令」。茶沏好後，他們其中的一個人便開始講史書上記載的某一件史實。講完以後，另一人要說出這史實出自噚一本書，這還不夠，還要說出這一史實在書中的哪一卷，哪一頁，哪一行。這就是說，知道這一史實，如果沒讀過此書，就答不出來：讀了，而不熟悉，也答不上來，答不上來或答不準確，茶是不能喝的，只能聞聞茶香。透過這樣的「茶令」，兩個人的史學知識不斷累積，豐富了創作內容，也充分享受到了生活的樂趣。

著名美國作家傑克．倫敦（Jack London）的房間，有一種獨一無二的裝飾品，那就是窗簾上、衣架上、櫃櫥上、床頭上、鏡子上、牆上……到處貼滿了各色各樣的小紙條。傑克．倫敦非常偏愛這些紙條，幾乎和它們形影不離。這些小紙條上面寫滿各種各樣的文字：有美妙的詞彙，有生動的比喻，有五花八門的資料。

傑克．倫敦向來都不願讓時間白白地從他眼皮底下溜走。睡覺前，他默念著貼在床頭的小紙條；第二天早晨一覺醒來，他一邊穿衣，一邊讀著牆上的小紙條：刮臉時，鏡子上的小紙條為他提供了方便；在踱步、休息時，他可以到處找到啟動創作靈感的語彙和資料。不僅在家裡是這樣，外出的時候，傑克．倫敦也不輕易放過閒暇的一分一秒。出門時，他早已把小紙條裝在衣袋裡，隨時都可以掏出來看一看，想一想。

現代人的生活節奏越來越快，許多人都常常感到時間緊張，根本沒有時間做許多重要的事。而魯迅先生曾說過：「時間就像海綿裡的水，只要願擠，總還是有的。」

有人算過這樣一筆帳：如果每天臨睡前擠出 15 分鐘看書，假如一個中等水準的讀者讀一本一般性的書，每分鐘能讀 300 字，15 分鐘就能讀 4,000 字。一個月是 126,000 字，一年的閱讀量可以達到 1,512,000 字。而書籍的篇幅從 60,000 分鐘，一年就可以讀 20 本書，這個數目是可觀的，遠遠超過了世界上人均年閱讀量。然而這卻並不難實現。

如果你覺得自己缺乏思考問題的閒置時間，不妨我們在休閒和娛樂時，不妨也借鑑成功人士的有益的方法，把閒暇的時間合理地利用，一旦形成了習慣，就很容易成功了。

不放棄一分一秒的時間

著名的物理學家愛因斯坦認為，人與人之間的最大區別就在於怎樣利用時間。我們出生時，世界送給我們最好的禮物就是時間。不論對窮人還是富人，這份禮物是如此公平：一天24小時，我們每一個人都用它來投資經營自己的生命。有的人很會經營，可以把一分鐘變成兩分鐘，一小時變成兩小時，24小時變成48小時……他用上天賜予的時間做了很多的事，最終換來了成功。其實，這世界上的偉人、元首、科學家、發明家、文學家等等，最成功之處就是運用時間的成功，他們都是運用時間的高手。

每個人從生到死的時間都是差不多的，但是，在相同的時間裡，有些人能夠做很多事情，效率很高，而另一些人卻只能做極少的事情，沒有效率。就好像時間對有些人長，對另一些人短。其實時間的長短，是由人怎樣利用決定的，在同樣的時間裡，有的人做的事多，有的人做的事少，這樣時間就有了長短的區別。

但是，無論是總統、企業家，或是工人、乞丐，每個人的一天都只有24小時，這是上蒼對人類最公平的地方。雖然如此，但就有人有本事把一天的24小時變成48小時來用。這不是神話，而是事實。

在古代埃及有一個美凱利諾斯法老，是一個非常善良的人，也是非常相信神的人。可是，有一天，從布興市來了一個人，說他還有六年的壽命，第七年就一定要死。於是，他就去質問神靈，得到明確的答覆後，他就下令製造了許多燭燈，每天晚上就點起燈來，飲酒作樂，打算把黑夜變成白天，把六年的時間變成十二年，以此來度過人生。

其實，每個人爭取時間就是為了多做些有意義的事情，如果，這樣度過人生，那麼，多餘的時間又有什麼用呢？

現代人追求時間，就是追求效益，追求在有效的時間內做更多的事情，從而使自己人生豐富多彩，能夠充分實現人生價值。

有這樣一位成功人士，他每天早上 5 點起床，先做早操，然後吃早點、看報紙，接著開車去上班，車上聽的不是路況報導，而是語言錄音帶，有時也聽演講錄音帶。由於早出門，因此不會塞車，到達辦公室差不多 7 點半，他又用 7 點半到 9 點這段時間把其他報紙看完，並且做了剪報，然後，準備一天上班所要的資料。中午他在飯後小睡 30 分鐘，下午繼續工作，到了下班，他會利用一個多小時看書，在 7 點左右回家，因為不堵車，半小時可回到家吃晚飯。在車上，他仍然聽錄音帶或演講錄音帶。吃過飯後，看一下晚報，和太太小孩聊一聊，便溜進書房看書、做筆記，一直到 11 點上床睡覺。

他和別人不一樣，因為他的一天有 48 小時，也就是說他一天做的事情是別人兩天才能做完的事情。很顯然，他的成就超過了他的同齡人。其實他也沒什麼法寶，他只是不讓時間白白地流逝罷了。而要讓時間流逝是很容易的，發個呆，看個電視，打個電動玩具，一個晚上很容易就打發了。

如果天天如此，一年、兩年很容易就過去了，你的成就和別人一比，就明顯有了差距。

因此你也有必要把一天變成 48 小時，讓你的每一分鐘每一秒鐘發揮最大的效益。其實並不難，把你的時間做個規劃並且認真地去實踐就行了。

學校上課都有功課表，其實這就是最基本的時間規劃，你也可參考這種方式，把自己一天當中什麼時間要做什麼事列成一張表，並且每天按表作息。一開始你會很不習慣，又因為沒有人監督，所以你很有可能會「偷懶」，如果你偷懶，那麼你就失敗了，所以你必須堅持，再透不過氣也不可鬆懈。過一段時間後，應付成為習慣，然後你的時間會「繁殖」，一天變成 36 小時、48 小時，甚至更多，也就是，你的時間效益提高了。

如果你想創造成功人生，事業上有所作為，你就必須年輕時訓練自己利用時間，追求時間的效用，把 24 小時變成 48 小時。時間的延長，也意味著生命的延長。別人活一百歲，你就能活二百歲，你比別人多活了一輩子。別人兩輩子才能做你一輩子的事情。

這世界上有許多人不懂得珍惜時間，不懂得珍惜現在所擁有的一分一秒。事實上，時間是一分一秒累積的。一位名人曾說過：「我是把別人喝咖啡的時間都用在工作上的。」可見他對零星時間的珍惜。一個人若要在學識上有所造詣，在事業上有所成就，沒有這種惜時如金的精神，沒有時不我待的緊迫感，是決然不成的。記住，真正成功的人的時間向來都是用秒來計算的。

放棄了一秒的時間，你就會不知不覺放棄一分鐘的時間；放棄了一分鐘的時間，你就會覺得放棄一小時的時間並不是多麼不可原諒的事情；於是，在一點一滴的放棄中，你便放棄了許多生命中的精彩片斷。

抓住時間這個賊

時間摸不著，看不到，你可以隨意擺布時間，但同時你也會得到更多的懲罰。年年歲歲花相似，歲歲年年人不同，希望我們每個人都能記住：莫等閒，白了少年頭！

時間是個賊，它偷光你所有的純真夢想和希望，它把你的青春倡狂的從你手中搶走，你不能反抗不能申訴，只能眼睜睜的看著它帶著你熟悉的本來是你的東西一秒一秒的遠離你，而你無論怎樣的奔跑都只能和你當初擁有的一切越來越遠。

當你每天回到家的時候，你總覺得若有所失，你丟了什麼？你發現你什麼也沒有丟，你四下裡檢查，什麼東西都在。其實，你確實丟了東西，你丟了生命的一部分：時間。

是誰偷走了你的生命？你不知不覺間，就失去了青春，失去了活力，失去了成功的機會。你突然發現，你已經耋耄之年。

時間是個賊，他偷走了你的年華，偷走了你的夢想，偷走了你可能擁有的一切。這時候，你才恍然大悟，你沒有抓住時間這個賊，你就什麼也沒有得到。

兩個獵人一同打獵。天空中一群大雁飛來，二人急忙張弓搭箭，準備把他們射落下來。

忽然，一個獵人說：

「哇啊！夥伴，你看這群大雁好肥呀！打下來煮著吃，滋味一定不錯。」

另一個獵人聽了，把舉著弓箭的手放下來，說：「不，還是烤來吃好，烤雁又香、又酥。」

兩個人各持各的理，爭吵起來。後來請人來評判，才找到一個解決的辦法：把大雁一半煮來吃，一半烤來吃。爭吵停止了，這才重新張弓搭箭，再去射雁。可是，那群大雁早已淩空遠翔，飛得不知去向了。

這兩個獵人，到手的大雁也沒吃成。他們犯了什麼錯誤？

沒有提防時間這個賊。是時間偷走了獵人嘴皮下的大雁。

誰抓住了時間這個賊，誰就抓住了生命中的一切。

你要想獲得生命的成功，你就必須保持百倍的警惕，不要讓時間偷走了你的生命。你的生命一定要努力，抓住了時間，你的生命就延長了，你就可能獲得成功。

諸葛亮一出祁山之初，連取三郡，屢敗曹真，關中震動。魏明帝曹睿御駕親征，率軍從都城洛陽出發到西京長安坐鎮，起用司馬懿為平西都督，命令他調集南陽諸路人馬，速到長安會合，被魏明帝革職而在宛城閒住的司馬懿接到詔書，立即調集軍隊準備趕赴長安。忽然，金城太守申耽派人告知司馬懿：孟達正在謀反。孟達原為劉備部將，因未發兵支援在荊州受困的關羽，害怕劉備治罪而降魏，領新城太守，鎮守新城、金城、上庸等處。魏文帝曹丕死後，孟達深感自己不受曹睿重視，加之「朝中多人嫉妒」，便打算乘諸葛亮北伐累勝之機，起新城、金城、上庸三處兵馬降蜀反魏，徑取洛陽，與諸葛亮取長安的大軍兩相配合，以圖克復中原。司馬懿得到這一緊急情報，當即決定就近征討孟達。長子司馬師建議急寫表章火速申奏皇帝，司馬懿說：「若等聖旨，往復一月之間，事無及矣。」於是自作主張，一面派參軍梁畿連夜趕往新城，傳命孟達做好與司馬懿同赴長安的準備，以穩住這個準備造反的將領，使其不做防備，一面傳令全軍向新城進發，「一日要行三日之路，如遲立斬！」梁畿先行，司馬懿隨後發兵，祕密倍道而進。孟達聽信了先期到新城的梁畿的話，以為司馬懿已去了長安，絲毫未加防範，正暗自得意「吾大事成矣」的時候，司馬懿大軍突然出現在城下，在作為內應的申耽等人的配合下，以迅雷不及掩耳之勢一舉平定了這場叛亂。

常有人抱怨老被時間追著跑，工作生活難兩全，其實，只要懂得「排」時間和「偷」時間的竅門，魚與熊掌，是可以兼得的。

時間好像是一種用之不竭的資源，昨天和今天沒什麼大的區別，今天和明天也沒有不一樣，一年四季，春夏秋冬年復一年，任我們揮霍。當我們個子長高了，慢慢又變矮了，頭髮由黑變白了，才覺年華已逝，才發現人生有如此多的遺憾。但是過去的時間卻再也找不回來了。

成功的智慧就是管好自己的時間，不管是你的學習時間、工作時間還是休閒時間，每天都要有一個合理的安排，這樣你的時間就不會白白漏掉。

凡是事業上有成就的男人，都很重視時間的利用。如果你想創造成功人生，事業上有所作為，你就必須在平時訓練自己利用時間，追求時間的效用習慣。

怎樣才能抓住時間這個賊呢？以下是幾種有效的方法：

第一，把你的生活組織起來，制定一個生活、工作、學習、休閒時間表。

第二，按照時間表開始生活。

第三，培養決斷力，下決心採取「從現在開始做」的態度，對待每一件事情。

第四，寫下已經拖延很久的事情，定下補做的時間。

第五，不要給時間留下空白。

如果你能照著這樣做，你就能逮住時間，你就會非常驚訝地發現，你實際上可以做很多事情，而過去竟然常常說：

我沒有時間。原來時間被偷走了，你沒有發現。把每天的時間都進行登記，按照生活的習慣做出合理的安排，那麼，你就不會丟失自己的生命，就會在有限的時間裡做自己想做的事情，你就能獲得成功。

從時間的碎片裡創造生命的輝煌

一個人的成就是一點一滴累積的，是善於利用時間的結果。時間的碎片散落在我們生命的周圍，有心的人就會拾起這些碎片，用這些碎片織成偉大的藍圖。所以，生存的智慧就在於從時間的碎片裡創造生命的輝煌。

從某種意義上來講，生命的價值就體現在人們所謂的零碎的時間中。能夠掌握好自己時間的人，也就能掌握自己的前途。

時間是由那些最小的單位構成的，那一秒一秒的時間就是你生命的碎片，需要你不斷的收集，最後才能形成一個整體生命。如果不注意收集時間的碎片，那麼，你就不會擁有完整的生命，你也就不會取得任何成功。

我們每天的生活和工作中都有很多零碎的時間，如果有人約你一起吃飯而遲到，於是你只能等待；或者你到修車廠去而車子無法按約定時間交付；或在銀行排隊而向前移動的速度慢時，千萬不要把這些短暫的時間白白耗掉，完全可以利用這些時間來做一些平常來不及做的事情。

卡爾·華爾德曾經是愛爾斯金（美國近代詩人、小說家和出色的鋼琴家）的鋼琴教師。有一天，他給愛爾斯金教課的時候，忽然問他：「你每天要練習多少時間鋼琴？」

愛爾斯金說：「大約每天三四小時。」

「你每次練習，時間都很長嗎？是不是有個把鐘頭的時間？」

「我想這樣才好。」

「不，不要這樣！」卡爾說，「你將來長大以後，每天不會有長時間的空閒的。你可以養成習慣，一有空閒就幾分鐘、幾分鐘地練習。比如在你上學以前，或在午飯以後，或在工作的休息餘閒，5分、5分鐘地去練習。把小的練習時間分散在一天裡面，如此則彈鋼琴就成了你日常生活中的一部分了。」

14歲的愛爾斯金對卡爾的忠告未加注意，但後來回想起來真是至理名言，其後他得到了不可限量的益處。

當愛爾斯金在哥倫比亞大學教書的時候，他想兼職從事創作。可是上課、看卷子、開會等事情把他白天和晚上的時間完全占滿了。差不多有兩個年頭，他一字不曾動筆，他的藉口是「沒有時間」。後來，他突然想起了卡爾．華爾德先生告訴他的話。到了下一個星期，他就按卡爾的話實驗。只要有5分鐘左右的閒置時間，他就坐下來寫作，哪怕100字或短短的幾行。

出乎意料之外，在那個星期的終了，愛爾斯金竟寫出了相當多的稿子。

後來，他用同樣積少成多的方法創作長篇小說。愛爾斯金的授課工作雖一天比一天繁重，但是每天仍有許多可供利用的短短餘閒。他同時還練習鋼琴，發現每天小小的間歇時間，足夠他從事創作與彈琴兩項工作。

大凡做事有理想的人，大都能做到非常合理地利用時間，讓時間的消耗降低到最低限度。《有效的管理者》一書的作者杜拉克說：「認識你的時間，是每個人只要肯做就能做到的，這是每一個人能夠走向成功的有效的必經之路。」據有關專家的研究和許多領導者的實踐經驗，人們可以從以下幾個方面駕馭時間，提高工作效率：

(1) 善於集中時間

千萬不要平均分配時間，應該把你有限的時間集中到處理最重要的事情上，不可以每一樣工作都去做，要機智而勇敢地拒絕不必要的事和次要的事。

一件事情發生了，開始就要問問：「這件事情值不值得去做？」千萬不能碰到什麼事都做，更不可以因為反正我沒閒著，沒有偷懶，就心安理得。

(2) 要善於掌握時間

每一個機會都是引起事情轉折的關鍵時刻，有效地抓住時機可以牽一髮而動全域，用最小的代價取得最大的成功，促使事物的轉變，推動事情向前發展。

如果沒有抓住時機，常常會使已經快到手的結果付諸東流，導致「一招不慎，全域皆輸」的嚴重後果。因此，取得成功的人必須要擅長審時度勢，捕捉時機，掌握「關節」，做到恰到「火候」，贏得機會。

(3) 要善於協調兩類時間

對於一個取得成功的人來說，存在著兩種時間：一種是可以由自己控制的時間，我們叫做「自由時間」；另外一種是屬於對他人他事的反應的時間，不由自己支配，叫做「應對時間」。

這兩種時間都是客觀存在的，都是必要的。沒有「自由時間」，完完全全處於被動、應付狀態，不會自己支配時間，就不是一名成功的時間管理者。

可是，要想絕對控制自己的時間在客觀上也是不可能的。沒有「應對時間」，都想變為「自由時間」，實際上也就侵犯了別人的時間，這是因為每一個人的完全自由必然會造成他人的不自由。

(4) 要善於利用零散時間

時間不可能集中，常常出現許多零碎的時間。要珍惜並且充分利用大大小小的零散時間，把零散時間用來去做零碎的工作，從而最大限度地提高工作效率。

(5) 善於運用會議時間

我們召開會議是為了溝通資訊、討論問題、安排工作、協調意見、做出決定。很好地運用會議的時間，就會提高工作效率，節約大家的時間；運用得不好，則會降低工作效率，浪費大家的時間。

時間對每一個人都是均等的，關鍵看你怎麼用。會用的，時間就會為你服務；不會用的，你就為時間服務。

從閒置時間中每天爭取一個小時可以將一個普通人變成一個科學家；從閒置時間中每天爭取一個小時，這樣堅持 10 年，可以將一個無知的人變成一個博學之才；從閒置時間中每天爭取一個小時，可以掙足夠的錢；從閒置時間中每天爭取一個小時，一個孩子可以仔細閱讀 20 頁書，一年就可以讀 7,000 頁，或者 18 本厚書；從閒置時間中每天爭取一個小時，就可以將一個小混混變成一個對社會有貢獻的人；從閒置時間中每天爭取一個小時，也許會 —— 不，肯定會一將一個毫無名氣的人變成一個家喻戶曉的大人物，將一個毫無用處的人變成一個造福子孫後代的人。再想想，如果一天省下 2 個、4 個、6 個小時（這些都是年輕人經常浪費掉的），那麼，我們會創造出多麼驚人的奇蹟啊！

每個人都應養成習慣，把閒置時間集中，做些有意義而且自己又覺得很有意思的事。如果你在閒置時間內學習、研究，那麼這個習慣將改變你自己、改變你的家庭。

明確自己的價值觀

一個人快樂與否並不取決外界的刺激，而是來自這個人的內心是否有力量，這個人的腦海中是否有明確的價值觀。

價值觀是影響一個人行為準則的重要因素，從時間管理的立場出發，只有確定了你的價值觀，才能使你擁有正確的行動準則。

生活和工作要求我們必須面對各種各樣的繁雜事務，有些事我們樂於去做，並且很享受過程；但是還有一些令我們心煩意亂的事情，迫使我們不得不去面對。我們知道，事情有輕重緩急之分，在做事之前你必須知道做事的先後順序。

一旦你沒有搞清楚這個問題隨意地開始行動，便會無緣無故浪費很多時間和精力，並且不會有任何收穫，這不是我們所樂見的。在很大程度上，是我們的價值觀影響了我們對每一件事情做出判斷。

一位作家創作的小說在網路上得到很高的評價，在接受採訪時，記者問道：「寫小說給您帶來了很高的讚譽，那麼接下來您會進行其他文學形式的創作嗎？比如傳記或者散文？」

這位作家誠實地回答：「我可以將傳記或者是散文提到我的日程上來，因為現在的讀者不只是希望將精神寄託在小說這一種文學體裁上，選擇多了他們會得到更多的感受。雖然我很樂於與讀者之間進行多種的交流，但是我肯定我不會選擇創作傳記或者散文等體裁的作品。」

記者追問：「可是您說過會給讀者一些多重的感受，可又為什麼不會創作傳記和散文呢？是您不感興趣嗎？」

「哈哈……」作家繼續說：「打個比喻吧！生意人做生意想賺錢，必須投資時間、金錢和好的營運項目，最重要的一點他們想要成功。而對我來說，雖然其他的文學形式我也感興趣，但是大家都知道小說是我的強項，最重要的一點是除了小說我不想寫其他的文學形式。」

記者：「您看我這樣理解您的意思，對不對？雖然其他的文學形式也很有創作價值，但是都不是您的興趣。換句話說，只有在您興趣的基礎上才能創作上乘的小說？」

作家給予肯定回答：「對！如果現在有一個同行來向我請教創作傳記和散文，我會給予他最忠誠的建議。但是我一定不會操刀創作，因為只有小說才是我的專長，也只有小說才能激發我創作的欲望。」

對於那些價值觀模糊的人來說，這位作家的看法可謂醍醐灌頂。我們當中的很多人都會猶疑在「我應該做」和「我想做」之間，如果你不能使兩者統一，那麼衝突會立即產生，使你陷入兩難的抉擇之中。在這個過程中，完全是你個人的價值觀影響了你的決定，因此你的選擇和你的價值觀必須完全一致。

戴強飛從家裡老城獨自一人來到上海打拚，雖然賺了很多錢，但是不可否認的是他每天都跟拚命一樣：早上六點半鬧鐘響起，戴強飛就要起床開始洗漱，隨便做點早餐塞飽肚子，七點之前一定要湧入公車、地鐵的大潮中。

來到公司，強打精神開始應付上司、同事、各種各樣的客戶和廠商，除此之外還要承擔很多如酷刑般的工作。在這個過程中，要韜光養晦，不能流露自己的表情，不能隨便表達自己的心情。在這種「槍林彈雨」之中，戴強飛要時刻保持微笑，時刻偷瞄時鐘，盼望下班時間的到來。

下班時間到了，戴強飛又開始感受晚高峰的擁擠，到了家裡隨隨便便洗個澡、隨隨便便吃個飯，看一下電視，跟家人說說話，躺在床上休息……這一天就過去了，好像收穫很多，可是戴強飛卻又感覺毫無收穫。

很多人都像戴強飛一樣生活在「水深火熱」之中，當一天過去，待在自己的房間，你是否曾經想過：這就是我想要的生活嗎？這全天的謀生就是我的成功嗎？為什麼下班回家的我比上班要快樂許多，要生龍活虎？

乍看之下，我們事業上的成功和我們的快樂是矛盾的，因為事業的成功是以我們的快樂為代價，想要獲得事業的成功必須蠶食我們的生命。

其實事業的成功和自身的快樂並不矛盾，反而是相輔相成的，只要你按照自己的價值觀來確定興趣，必然會找到工作中的樂趣。

要試著改變一下自己對待工作的態度，工作是實現我們夢想的途徑，只要摒棄原有的那些悲觀的情緒，試著將自己的身心交給工作，你就會發現工作不但可以給我們帶來物質上的滿足，還會給我們帶來從未有過的快感。

有一位詩人說：把你的臉迎向陽光，就能感受溫暖；把你的臉迎向微風，就能感受涼爽；把你的人生面向春天，就能充滿動力。

相信，明確的價值觀會指引你懷揣快樂去工作，這樣你將會擁有成功的事業和生活的快樂！

很多人做事不會選擇自己的興趣，而是依照社會的需求，忽視自己的興趣所在，這是造成浪費時間的罪魁禍首。想要滿足你的渴望，你必須選擇那些在你看來有價值，並且是自己興趣所在的事情，這樣你才能全情投入地完成。

綜藝節目上經常上演一種叫「傳遞」的遊戲，遊戲的規則很簡單。要求參與遊戲的人站成一排，由主持人將一組數位耳語給站在排頭的這個人，然後依次耳語給旁邊的人，當數位從最後一個人的嘴裡說出來時，與主持人的數字吻合即代表遊戲成功，反之則表示失敗。

遊戲雖然簡單，但是結果往往出乎眾人的意料，如果是一個簡單的數字，那麼成功被傳遞的可能還比較大，但是如果是稍微複雜一點的數字，大家的答案便五花八門。

這是為什麼呢？按照常理，只是傳遞一個數字而已，為什麼結果卻不盡相同呢？數字專家給予解釋：原來道理很簡單，簡單的數字容易記憶，複雜一點的數字記憶起來相對困難。

這些數字就好像我們的價值觀，很多人談到人生都會從

「我想擁有什麼」著手思考，可是要知道一旦我們想要擁有的東西過於複雜的時候，「傳遞」的困難便應運而生。

比如有的人想要一件名牌的皮包，也許現在買不起，但是等到換季打折的時候，這個人便可以夢想成真；有的人想要去歐洲旅遊，那麼透過努力地工作便可以達成願望……

但有的人想要一種全新的生活，這就非常難了，什麼是全新的生活？全新的生活由哪些組成的因素？這種考量的過程繁雜，所以我們說這個想法有待完善，只要改變一下思考方法，我們便可以化困難為輕鬆。那就是從「想要擁有什麼」跳脫出來，從「想成為什麼」開始思考。

只要你從「想要成為什麼」出發，你會發現自己會悄然地改變，不再被困難所束縛，反而迸發出自己的潛力，你的思路也將與過往不同，可以運用自己的能力激發出更多的創意，使自己迅速地完成目標。

明確你的價值觀，制定價值觀準則，你將獲得更多的時間，去完成自己的想要做的事情，從而擁抱成功！

主宰時間才能主宰生命

時間是組成生命的材料，浪費時間就是對生命的褻瀆。只有充分利用時間，避免時間的浪費，才是對生命的最大信仰，才是生命的主宰！

時間管理大師拿破崙．希爾說過：「利用好時間非常重要，如果不能充分利用一天的時間，那麼這二十四小時便會白白浪費，我們將一事無成。」誠如拿破崙．希爾所說，促使一個人成功或失敗，不完全是個人能力、掌握機遇等方面，很大程度上在於是否能夠合理安排時間、分配時間。也許在你眼中毫不起眼的幾分鐘，卻是別人獲得成功的制勝關鍵。

在成功人士間流傳這樣一句話：一小時有六十分鐘，而一小時又沒有六十分鐘。乍看之下這句話矛盾而令人費解，事實上這句話揭露了時間的奧妙所在。表面看來一小時有六十分鐘，可你是否計算過在一個小時中，你究竟用了多久呢？是滿打滿算六十分鐘，還是十幾分鐘，或者更少僅僅幾分鐘？

如果答案令你羞於說出口，則說明你已完全被時間奴役，這與正常情況完全相悖。要知道我們是時間的主人，我們才是主宰時間、生命的人。

某公司的老闆要赴海外洽公，且要在一個國際性的商務會議上發表演說。他身邊的幾名要員都忙得頭暈眼花，要把他赴洋洽公的所需要的各種檔都準備妥當。

在該老闆赴洋的那天早晨，各部門的主管也來送機。老闆看著其中一個睡眼惺忪幫助他撰寫英文檔和資料的主管說：「你負責的那份檔等我到了以後再用電訊傳給我吧！反正現在也不急著用。」

誰知那位主管卻從公事包裡拿出了檔，說：「我已經連夜寫出來了，我怕您想在飛機上看看。」

老闆看著那位主管通紅的眼睛和已經整理的好的檔，什麼也沒有說，拍了拍那位主管的肩膀，讓他回去好好休息。

沒過多久，那位老闆回來以後，就提升了這位主管，原因就在於他是一個與時間賽跑的人，能為公司創造更高的利益。

這位主管因為善於和時間賽跑，所以成了贏家，將自己的工作做到了位，也得到了老闆的賞識。他就是一個主宰時間的範例。

而那些浪費時間、對時間不重視的行為正是時間奴役你的標誌，試想，如果將浪費的時間統計，將是一個驚人的數字。只有做時間的主人，你才會扭轉對時間的觀念，將時間為自己所用，是你成功的關鍵。那麼我們應該怎樣做時間的主人呢？我們只需要從兩個方面著手，一是正視我們的時間，二是建立主觀意識。

計算時間要求我們必須知道這一天，我們可以支配多少時間，有多少時間我們可以自由使用？那一段時間我可以整段使用？為每段時間做一個注釋計算，這是管理時間的第一步；規劃時間要求我們對時間進行統一的規劃，每小時、每分鐘、每秒鐘我們必須有一個規劃，這樣的規劃可以使我們做到心裡有數；分配時間是在規劃時間之後，我們根據時間的長短來分配不同的任務，有的人上午效率高，那麼重要的事就安排在上午，有的人喜歡從下午開始工作，那麼重要的事都安排在下午。需要注意的是，有一個例外，那就是緊急的事，無論是上午還是下午，當遭遇緊急的事情時，你必須停下手中的工作，開始處理緊急的事務。

建立主觀意識要求我們做到端正管理時間的態度、樹立管理時間的觀念、養成管理時間的習慣。我們必須時刻謹記：馬上行動。

我們大多數人都有一個習慣，早晨鬧鐘響起後第一步不是起床，而是關掉鬧鐘繼續睡；明明半個鐘頭可以完成的事情，非要做一個小時；很多人接到工作之後的第一項並不是開始工作，而是要給自己緩衝時間，慢慢地進入到工作的狀態……

其實這都是藉口，如果這種不良想法處理失當的話，很容易造成拖延，這不利於時間管理，長此以往自然而然被時間所管理。

起床鬧鐘響起的那一刻，就要告訴自己「現在就起床」，不要因為時間還充裕，就拖延起床時間，更不能因為習慣於「等候好情緒」，便花費很多時間以「進入狀態」為藉口而不起床。這其實是一個習慣的養成，如果你在這件事情上能做到，在其他方面自然也會做到。

時間是你的主人還是奴隸？被時間迷惑繼而浪費，還是利用時間主宰你的生命？相信答案你已了然於胸，改變生活和工作狀態，從現在開始做時間的主人吧！

做事，重在利用好時間

人常說，方法比勤奮更重要。因為辦事的時候方法不對，再勤奮也沒有用。同樣的道理，時間比金錢更重要。因為即使有再多的金錢，可是我們沒有時間去花，那有什麼意義？即使錢用完了，也可以去賺，而時間被浪費了，用什麼方法都無法挽回。做事，重在利用好時間，這是保證事情順利完成的基礎。

柳比歇夫是蘇聯著名科學家。他的一生可謂是碩果累累的一生。發表的學術著作達到 70 多部，內容的涉及層面非常廣，包括了遺傳學、科學史、昆蟲學、植物保護、哲學等這些領域。

在他所取得的這些成就中，有很大一部分都要歸功於他的那本「時間記錄冊」。在他的時間記錄冊裡，他每天的各項活動，無論是工作還是休息、讀報、看戲、散步等這些活動，所用的時間全部記錄在案。甚至有人找他問話，讓他幫忙解釋問題的時間他都會在紙上做記號，記住具體花了多少時間。他的每項工作，比如寫一篇文章，看一本書等等，不管自己做了些什麼事，每道工序的時間都算得非常清楚。

柳比歇夫從 1916 年元旦開始對自己所用的時間進行統計。這樣一來，他每天都會核算自己花費的時間。每天都會做一次小結，總結一下時間運用上的得失，每月做一次大結，年終做個總結，這樣的工作一直持續到 1972 年他去世那一天。

在這 56 的時間裡，他記錄自己的時間從來沒有間斷過。在每天無論做什麼事情，他都會記下事情的起始時間，相當準確。

他曾經說：自己對工作的要求就是一定要保證真正用在工作上的純時間。比如，工作中的任何間歇他都會刨除掉的。經過他這一系列的思考和計算，柳比歇夫把自己的一晝夜中的純時間算成了 10 小時。而且將它分成 3 個「單位」。在不同的時間段從事不同的工作。第一類是創造性的科研工作，如寫書、研究、做筆記等；第二類就是除過科研之外的其他活動，比如作學術報告、講課、參加學術討論會等等等。

因為他對自己的時間所有時間都進行了記錄，並且都能隨時對自己運用時間進行得失總結，所以，他的一生非常充實，為科學做出了巨大的貢獻。

我們對待自己的時間就應該有柳比歇夫這樣嚴謹的態度，及時對自己的時間安排做出總結，這樣就能不斷進步。

生活中，經常會聽到有人抱怨說自己的時間不夠用，事情太多，工作太忙等等。這些人雖然看起來每日忙得不可開交，可是他們沒有取得什麼成果。關鍵是他們在做事的時候沒有真正讓自己的時間發揮出作用，所以，到頭來還是「時間的窮人」。其實，我們要將事情做好，就離不開對自己時間的有效管理。

而對於時間的有效管理，我們需要遵循「二八定律」。往往在生活中，很多人可能都有這樣的體會：80%的收穫來自 20%的時間，而 80%的時間卻僅僅創造了 20%的成果。這就是說，我們要辦事，並不是說我們花費的時間多了就能讓自己所做的事情取得好的效果。而是說「我們應該將自己的時間用在那些讓你真正感覺快樂、成功和滿足的事情上，而不要讓枯燥、低效的例行公事占據我們時間的絕大部分。」

倘若我們在做事的時候，在自己的時間分配中植入經濟觀念，那麼我們就會發現時間的管理其實與理財是一樣的。所以，我們在工作過程中，僅僅將自己要完成的任務羅列出來，然後再去完成的做法並不能取得最佳的效果。倘若我們讓自己想做的事情和工作取得更大的成績，那就應該對自己的時間進行一個合理的分配，將時間用在重要的事情上，要拋開那些低價值的活動，將時間投入到高價值的活動中去。這就是我們通常所說的「好鋼要用在刀刃上。」

那麼，低價值的活動究竟有哪些呢？它包括：例行公事的事，那些遠遠超出我們預計時間但還是沒有完成的事，枯燥乏味的事，當然也包括我們並不擅長的事。和低價值相對的高價值活動則包括：關於我們人生重大目標的事，我們一直計畫想做的事情，還有那些千載難逢、稍縱即逝的事。在我們的工作和生活中，對所做的事情有了明確的區分度後，我們辦事的效率將會提高很多，這無疑在當今快節奏的社會是非常重要的。誰掌握了時間，誰就掌握了走向勝利的主動權。

在這個社會上，時間恐怕是最公平的東西了。我們每個人都擁有相同的時間資本。如果有兩個人，他們在智商、學歷等各種條件相同的條件下，其中的一個人工作時間比另一個人長，但是依然沒有另一個花費時間少的人績效高，那麼這位多花時間的人就很有可能是在合理安排分配時間這個環節上出了問題。在現實中總有很多讓我們難以控制的因素，可是不論其他情況怎麼糟糕，怎麼讓我們摸不到邊際，時間始終是能被我們自己牢牢掌握的一個重要因素。

目標明確，把低價值活動和高價值活動分開，在保證不影響自己完成工作任務的同時，我們要把自己的時間資本投入到高價值的活動中，這只是其中的一個方面。僅僅做到這一點還是遠遠不夠的。

我們還應該把理財中的「節流」和「開源」這兩個法寶拿來使用。「節流」就要求「省時間」。為達到這個目的，我們可以列出一張時間「收支表」。我們可以把每天的要做得的事情都記錄下來，等自己全部做完計畫的事情時，還要學會全面評估時間的使用情況。這可以幫我們找到自己效率不高的病症源頭。當我們明白了其中的原因後，就要學會對自己的時間進行計畫管理。

我們可以將自己的時間分成以小時為單位的時間塊，對每個小時自己都要做什麼進行合理安排，這對切實達成每日的目標有很大的作用。人常說，計畫總是趕不上變化，可是，善於做計畫的人比那些不做計畫的人成功率顯然要高出很多。我們應該養成「省時」的習慣，提高自己的效率觀念，於是，做到一天 24 小時「收支平衡」就不是什麼難事。這些在我們日後的工作和生活中，都將會起到非常重要的作用。

那什麼是「開源」呢？其實它就是「賺時間」。這個我們可以透過兩個方面來實現：

第一，做事的時候，盡量把自己的零碎時間也利用上

比如，在等車、坐車的時候，我們可以讀報紙，在睡覺前的閒置時間裡可以看看書，當我們散步時可以與友人討論一些問題。那些有著輝煌業績的成功人士往往都是開發時間資源的高手，並不是說他們的個人條件或者背景有多好，只是他們比我們一般人多了一份會「算計」時間的心。

第二，「透過金錢為自己買時間」，讓我們做事的時間更充足

可能你看到這裡就覺得不可思議，時間是買不到的。沒錯，過去的時間的確沒法用金錢買到。可是對於當前的時間我們則可以實現。比如：乘公車能省錢，而打車雖然費錢，但能節省時間。透過各種現代化的機器可以讓我們做家務的時間大大縮短，這樣，我們就可以將這些時間用在工作上。

在當今快節奏的都市生活中，倘若只是心疼金錢而事事躬親，或只用金錢去衡量和取捨自己做事的方式，有很多原本可以很好利用的時間都被占用，這樣的做法得不償失，總會讓人因小失大。倘若長期如此，就可能平庸終生。

所以，我們不能忘記管理時間勝於管理金錢的道理。為了讓我們能更好的做事，更有效率的做事，我們應該對自己的時間管理形成習慣，這樣才能讓我們的人生創造輝煌。

第 2 章
珍惜時間，有效地利用每一分鐘

陸機在〈短歌行〉曰：「人壽幾何？逝如朝霞。時無重至，華不在陽。」每一個人的生命是有限的，屬於一個人的時間也是有限的。如若一個人的生命到了人生的末路，那麼他生活的時間也就結束了。因此，無論你做什麼事情都要珍惜時間，切不可慨嘆人生的苦短，讓時間白白地從你身邊流逝。珍惜時間，也是我們每個人走向成功的最基本的能力，大凡有所成就的人都是珍惜時間的人。

從現在開始，做現在的事情

生活在今天，從現在開始，做現在的事情。只有現在才有成功。昨天的事情已經過去了，不管成功還是失敗，統統忘掉。從昨天的時間裡走出來，你才有新生。時間是世人的君主，是他們的父母，也是他們的墳墓。今日，你如何利用你的時間是很重要的，因為時間是一去而不復返的。

當你在玩或忙於追求有價值的目標時，你會覺得時間飛逝。但如果你只是在熬時間，那是很難挨的事。

「一日之計在於晨」。當我們早起時，尤其是經過一晚酣睡後，情況大不一樣。早起給我們時間以企盼的心情來迎接一整天，發動我們內在的力量，使我們能迎接眼前的挑戰。昨天在我睡著時已結束了，所有的不快和擔心也隨之而結束。今天是新的一天，我可以寫下新的一頁，只要我肯試。

人生是有限的，但人們在有限的人生裡究竟把多少時間用在了現在，用在了明明白白的眼下之所為？在時間的長河裡，昨天已經去了，明天還沒有來，只有今天屬於自己，屬於已經兌現了的「現在」，但很多時候，人們卻把時間用在了思前想後上，用在了沉湎舊事舊情舊物上，用在了對往事中某些失誤的悔恨上，或者用在了對以後歲月的空想上，而這一切都是沒有效益的，都是對時間的浪費。為了已經過去了的事情懺悔、愁悶、嘆息實在是毫無價值的，這樣做不但浪費了你的時間，浪費了你的情感，也浪費了你的精力，浪費了你許多寶貴的一切。

在世界歷史中，再沒有別的日子比「今日」更偉大的了。「今日」是各時代文化的總和。「今日」是一個寶庫。在這寶庫中，蘊藏著過去各時代的精華。各個發明家、發現家、思想家，都曾將他們努力的成果，奉獻給「今日」。

今日的物理、化學、電器、光學等等科學的發明與應用，已把人類從過去簡陋的物質環境中挽救出來。今日的文明，已把人類從過去的不安與束縛的環境中解放出來。今日一個平常人可以享受的安樂，簡直可以超過一世紀以前的帝王。

有些人往往有「生不逢時」的感嘆。以為過去的時代都是黃金時代，只有現在的時代是不好的。這真是大錯特錯了。凡是構成「現在」世界的一分子的，必須真正地生活於「現在」的世界中。我們必須去接觸、參加現在生活的洪流，必須縱身投入現在的文化巨浪。我們不應該生活在「昨日」或「明日」的世界中，把許多精力耗費在追懷過去與幻想未來之中。

一個男人能夠生活於「現實」之中，而又能充分去利用「現實」，他要比那些只會瞻前顧後的人，有用得多；他的生活也會更能成功、完美得多。

時當現在，你千萬不要幻想於下個月中，喪失了正月中可能得到的一切。不要因為你對於下一月，下一年，有所計畫，有所憧憬，遂虛度、糟蹋了這一月，這一年。不要因為目光注視著天上的星光而看不見你周圍的美景，踩壞你腳下的玫瑰花朵。

你應該下定決心，去努力改善你現在所住的茅屋，使它成為世界上快樂、甜蜜的處所。至於你幻夢中的亭臺樓閣，高樓大廈，在沒有實現之前，還是請你遷就些，把你的心神仍舊貫注在你現有的茅屋中。這並不是叫你不為明天打算，不對未來憧憬。這只是說，我們不應該過度地集中我們的目光於「明天」，不應該過度地沉迷於我們「將來」的夢中，反而將當前的「今日」喪失，喪失它的一切歡愉與機會。

人們常有一種心理，想脫離他現有不快的地位與職務，在渺茫的未來中，尋得快樂與幸福。其實這是錯誤的見解，試問有誰可以擔保，一脫離了現有的地位，就可得到幸福呢？有誰可以擔保，今日不笑的人，明日一定會笑呢？假使我們有創造與享樂的本能，而不去使用，怎知這種本能，不在日後失去作用？

我們應該緊緊抓住「今日」！

享譽世界的中國書畫家齊白石先生，90 多歲後仍然每天堅持作畫，「不虛度年華」。有一次，齊白石過生日，他是一代宗師，學生、朋友非常多，許多人都來祝壽，從早到晚客人不斷，先生未能作畫。第二天，一大早先生就起來了，顧不上吃飯，走進畫室，一張又一張地畫起來，連畫 5 張，完成了自己規定的今天的「作業」。在家人反覆催促下吃過飯他又繼續畫起來，家人說「您已經畫了 5 張，怎麼又畫上了？」「昨天生日，客人多，沒作畫，今天多畫幾張，以補昨天的

『虛度』呀！」說完又認真地畫起來。齊白石老先生就是這樣抓緊每一個「今天」，正因為這樣，才有他充實而光輝的一生。

抓住現在的時光，這是你能夠有所作為的唯一時刻。不要因為介意昨天的事，而毀了你今天的努力。假如我們不能充分利用今日而讓時間自由虛度，那麼它將一去不返。

所謂「今日」，正是「昨日」計畫中的「明日」，而這個寶貴的「今日」，不久將消失到遙遠的地方。對於我們每個人來講，得以生存的只有現在一過去早已消失，而未來尚未來臨。一位名人說過，昨天，是張作廢的支票；明天，是尚未兌現的期票；只有今天，才是現金，有流通性、有價值之物。因此，只有今天才是我們唯一可以利用的時間。

人們把今天比為現金，只有現金才能購物。昨天已成為歷史，明天尚未到來，仍屬幻想。只有現在掌握在你手中，只有現在才能做自己想做的一切。人生奮鬥的機會是不多的，為此，有機堪搏直須搏，莫待無機空徘徊。時間的特點是：既不能逆轉，也不能儲存，是種不能再生的特殊資源。岳飛說得好：「莫等閒，白了少年頭，空悲切。」我們要以珍惜的態度把握時間，從今天開始，從現在做起——記住！現在做起！——現在！

不要讓時間表成為我們的束縛

管理時間，離不開「排程表」。可是又很多人正是由於這個表的存在，反而讓自己的時間安排受到了限制。事實上，時間安排表上的只是通常情況下，生活中總有一些我們事先沒有預想到的事情。所以，對於排程表要靈活對待，不要被它所束縛。

人常說，計畫沒有變化快。我們在日常生活和工作中，如果將日常安排表看得就像不能改變的聖旨似的，必須嚴格地按照上面的安排去做事的話，這並不是正確的做法，而應該隨著事情的變化也要相應調整自己的計畫。比如，原本在時間表上已經安排好的事情，可是因為下雨、身體不適或者其他的原因我們就不得不該變原來的計畫。而不可能還按照原定計劃去執行。

對我們來說，一個好的時間表應該是有一定的預見性的，應該順其自然，而不是受到受時鐘或者日曆的影響。

我們來看看這個事例：

菲爾德先生和妻子在夏威夷買了一塊地，然後準備在這塊土地上設計和建造一幢不需要維護的房子。他們打算在冬天來臨的時候，處理好公司的各項事務後去夏威夷度假。

菲爾德先生是一位作家，現在為了建造這幢房子，他把自己的一些手稿、新書的構思和他這兩個月內計劃要做的很多事情都放在了一邊，這個時候，整理花園、做園藝設計、拜訪夏威夷的朋友和建造屋子就是菲爾德先生的主要任務。而對待這些事情，菲爾德先生並沒有預先安排好做這些事情的順序，也沒有將它們塞進自己的任務清單裡，在他看來，這些僅僅是一些目標罷了。

接下來開始工作的時候，第一天陽光明媚，菲爾德先生和妻子整天都在花園裡除草，這項工作並不是日程表安排好的。到了吃飯的時間菲爾德先生也沒有停下來，因為他覺得自己這樣進行工作感到很有滿足感。第二天，菲爾德先生還是做這件事，他帶著一種輕快的感覺，同時還決定在未來的5天中都做同樣的事情。菲爾德先生的這些工作並沒有排日程表，但是他依然為此做了準備。

在接下來的幾天中，天一直下雨，從來沒見過這麼大的雨。於是，菲爾德先生便選擇了一個書的選題，這項工作也是他完全是沒有安排過的。這個選題在當時非常符合菲爾德先生的心情，然後他又花了4天的時候來寫提綱。期間，菲爾德先生接到了一家電視臺的節目錄製通知。然後又按照約定時間去錄製了這檔節目，當然這在他的排程表中也是沒有的。菲爾德先生甚至去了華盛頓兩天。後來，菲爾德先生又接到了兩個電話，還有一些重要的事情要做。菲爾德先生就是這樣在一個星期中完成了這些事。

我們可以想想如果菲爾德先生一直遵守著「時間表」，按照上面的計畫去做的話，也許就只能完成這些事情中的一半，而且還會讓自己一直處在重新安排計畫的混亂狀態中。由此可見，過分嚴格的時間表通常是不會帶來收益的。

有時候，倘若我們說「下個週末我打算打掃車庫」，說完就安排或給自己預留出那段時間。如果是這樣的情況，很可能這件工作並不需要那麼長的時間，我們都可能會將其延長，直到用掉整個週末。其實我們完全可以做出選擇，是想用兩天的時間去完成這項工作呢，還是說應該更有效率一些，用半天就可以了。如果我們能想清楚，那就能將少用時間還能將事情做好。

通常，我們還會遇到一些讓自己感到畏懼的工作，或者說覺得這項工作可能不是那麼容易完成，於是就可能在腦子裡誇大它們的困難程度，從而對完成這些事情所需要的時間估計的得過多。例如，在辦公室的角落裡堆放著著一大堆簡報，已經很長時間了。可能要將這些全部整理好並歸檔要花不少的時間，大家看了都會感到害怕。最後，有人勇敢地去面對了，也許可能只用了 3 個小時就解決了這些一直困擾人們的事情，因為在很多人看來，這至少得花 2 天的時間。如果做這個工作的人給自己預留了 2 天來完成的話，那麼很可能就確實會需要那麼長的時間。

當然我們也不能給自己的時間分配的太少，如果時間太少，就可能造成時間到了，任務沒有完成。這可能會讓我們滿懷愧疚。於是，還可能產生一系列的連鎖反應，比如還需要重新分配時間、重新分配任務等等。

事實上，生活的樂趣就是爭取時間，用好時間，和時間賽跑。利用時間應該遵循時間表，但要靈活一點，不要被自己的時間表所束縛。這樣在實際中才能真正將自己的工作做好，才能真正提高效率。

凡事不要明天再說

如果你坐等更好的機會、更好的工作或更好的環境，那麼等待本身便是死路一條。

一個成功的男人應該珍惜自己的時間。世上那些工作緊張忙碌的人，無不設法迴避那些消耗他們時間的人，希望自己寶貴的時間不因為他們而多浪費一刻。

我們每個人在一生中，總有種種的憧憬，種種的理想，種種的計畫。假使我們能夠將一切的憧憬都抓住，將一切的理想都實現，將一切的計畫都執行，那我們在事業上的成就，真不知要怎樣的宏大，我們的生命，真不知要怎樣的偉大。然而我們往往是有憧憬不能抓住，有理想不能實現，有計劃不去執行，終於坐視種種憧憬、理想、計畫的幻滅和消逝。

我們總是拖延自己今天應該做的事情，總是想著明天再做。

放著今天的事不做，而想留待明天做，就在這個拖延中所耗去的時間、精力，實際上僅夠將那件事做好。

拖延的習慣很妨礙人的行事。俗話說：「命運無常，良緣難再。」在我們一生中，若錯過良好機會，不及時抓住，以後就可能永遠失去了。

一個生動而強烈的意想、觀念，忽然闖入一位著作家的腦海，使他生出一種不可阻遏的衝動，便想提起筆來，將那美麗生動的意象、境界，移向白紙。但那時他由於某種原因，沒有立刻就寫。那個意象還是不斷地在他腦海中活躍、催促，然而他還是拖延。後來，那意象逐漸地模糊、褪色，終於完全消失。

一個神奇美妙的印象，突然閃電一般地襲入一位畫家的心靈。但是他不想立刻提起畫筆，將那不朽的印象表現在畫布上，雖然這個印象占領了他全部的心靈，然而他總是不跑進畫室，埋首揮毫。最後，這幅神奇的圖畫，會漸漸地從他眼前淡去。賽凡提斯說：「取道於『等一會』之街，人將走入於『永』不之室。」真是名言。為什麼這些印象衝動，是這樣的來去無蹤？其來也，是這樣的強烈而生動；其去也，是這樣的迅速而飄忽？就因為這些印象之來，原是我們在當初新鮮、靈活時，立刻就去利用它們的。

拖延往往會生出悲慘的結局。愷撒因為接到了報告，沒有立刻展讀，遂至一到議會，喪失了生命。拉爾上校正在玩紙牌，忽然有人遞來一個報告，說華盛頓的軍隊，已經進展到提拉瓦爾。他將報告塞入衣袋中，牌局完畢，他才展開閱讀，雖然他立刻調集部下，出發應戰，但時間已經太遲了，結果是全軍被俘，自己也因此戰死。僅僅是幾分鐘的延遲，使他喪失了尊榮、自由與生命。

拖延著明天去做，是人性的弱點。

為什麼我們被拖延著明天去做呢？

- 我們自己欺騙自己，要自己相信以後還有更多的時間。這種情形在我們要做一件大事時特別會有此傾向。通常事情越大，我們越會拖延。
- 有些事情現在看來似乎不重要，有些事情的結果太遠，也許我們先做其他事情，等到逼不得已再來做這些事。有些人拖延的事情太大，以至到了不做不行的時候，他們每天忙得團團轉，猶如救火員一樣。
- 沒有人逼。除非有人逼他們去完成。被人一逼，他們才會去做。
- 我們拖延工作是因為它們似乎是令人不愉快的、困難的或冗長的。不幸的是我們越拖延，就越令人不快。

「明日復明日，明日何其多！我生在明日，萬事成蹉跎。世人若被明日累，春去秋來老將至。朝看水東流，暮看日西墜，百年明日有幾時？請君聽我〈明日歌〉。」這是明朝詩人對拖延時間的人的忠告。

所以，我們要克服自己拖延的毛病，一定要記住：

現在有事情，現在就做，不要明天再說。我們每個人幾乎都做過拖延的事，把該做的事拖延下去。我們認為以後會有更多的時間來做它，這個工作在另一個時間會變得容易點。但我們從未有更多的時間，而我們越拖延，工作會變得越難。在興趣、熱忱濃厚的時候做一件事，與在興趣、熱忱消失了以後做一件事，它的難易、苦樂，真不知相差多少！在興趣、熱忱濃厚時，做事是一種喜悅；興趣、熱忱消失時，做事是一種痛苦。把握時間，從現在開始做起吧！

勤奮的人是時間的主人

勤奮的人是時間的主人，懶惰的男人是時間的奴隸。你願意少年時不努力，老時再讓傷悲來折磨自己的心嗎？

人總是貪圖享受，從而養成懶惰的習性，因為享受不需要奮鬥，沒有誰生下來就願意吃苦，勤奮努力。

懶惰會使自己的生命時間白白的浪費掉，一生無所作為。懶惰的人總是會拖延他應該做的所有事情。

從前，有一個人非常懶惰，過著茶來伸手、飯來張口的生活。把父母留下的一點點遺產全用完了，他還是不覺得著急，妻子實在沒有辦法了，準備回娘家去索取一些糧食回來。

她走的時候，擔心丈夫懶惰的個性，就烙了很多張大餅，並在中間鑽孔，一個一個地套在他的脖子上，讓他餓了可以吃。妻子走了之後，他就天天吃這些大餅，而且只吃前面的，也不伸手去把後面的拉過來。

沒過幾天，他把前面碰得到的餅全吃了，等著別人來幫他把後面的拉過來再吃。可是，一天過去了，家裡沒有來人，兩天過去了，家裡還是沒有來人……第五天的時候，他實在是太餓了，連喊叫的力氣都沒有了，可家裡還是沒有來人，他很生氣，罵妻子說：「該死的黃臉婆，怎麼還不回來呢？」但這時候的他，因為太餓，已經沒有力氣去把後面的餅拉過來了。

又過了五天，妻子借了一大袋的糧食回來了，卻發現他已經死了好幾天了。再看看他的脊背後面，還有很多的餅沒有吃完呢！

懶惰的人只能使自己走向滅亡之路，因為天上不會掉餡餅。自己不去努力、不去奮鬥，成功永遠不會降臨。

鬧鐘響了，他會說：「讓我再睡一會。」

事情來了，他會說：「等一下子，明天再說。」

所以，要使人生能夠成功，使你的生命時間有意義，你就必須戰勝懶惰。

一天，一位教授問他的一個學生：如果有一家銀行每天早上都在你的帳戶裡存入86,400塊，可是每天的帳戶餘額都必須於當日用掉而不能結轉到明天，每當到結算時間，銀行就會把你當日未取盡的款項全數刪除。這種情況下你會怎麼做呢？

「當然，每天不留分文地全數提取是最佳選擇了！」那位學生回答說。

是啊！我們是應該這樣，不過你可能不曉得，其實我們每個人都有這樣的一個銀行，它的名字是「時間」。每天早上我們的「時間銀行」總會為每一個人在帳戶裡自動存入 86,400 秒；一到晚上，它也會自動把你當日虛擲掉的光陰全數註銷，沒有分秒可以結轉到明天，而且你也不能提前預支片刻。如果你沒能適當使用這些時間存款，損失只有你自己來承擔。沒有回頭重來，也不能預提明天，你必須根據你所擁有的這些時間存款而活在現在。

的確，時間不停地在運轉，努力讓每個今天都有最佳收穫，否則我們就會遭受不可挽回的損失，我們應該善加投資運用我們的時間存款，以換取最大的健康、快樂與成功。想要體會「一年」有多少價值，你可以去問一個失敗重修的學生；想要體會「一月」有多少價值，你可以去問一個不幸早產的母親；想要體會「一週」有多少價值，你可以去問一個定期週刊的編輯；想要體會「一小時」有多少價值，你可以去問一對等待相聚的戀人;想要體會「一分鐘」有多少價值，你可以去問一個錯過火車的旅客；想要體會「一秒」有多少價值，你可以去問一個死裡逃生的幸運兒；想要體會「一毫秒」有多少價值，你可以去問一個錯失金牌的運動員。

「一寸光陰一寸金，寸金難買寸光陰。」我們要學會珍惜時間，絕對不要過消磨時光的生活。馬克？吐溫說：「我們計算著每一寸逝去的光陰；我們跟它們分離時所感到的痛苦和悲傷，就跟一個守財奴在眼睜睜地瞧著他的積蓄一點一點地給強盜拿走而沒法阻止時所感到的一樣。」

永遠不要忘記時間不等人，昨天已成為歷史，明天則遙不可知，而今天是一個禮物，我們一定要珍惜。懶惰是人生的大敵。偷懶之後，我們就會覺得時間不夠用了，我們就會痛悔虛度一生。只有戰勝懶惰，我們才能做時間的主人，從容不迫、豐富多彩地度過一生。

把時間用在最高回報的地方

人們有個不按重要性順序辦事的傾向。多數人寧可做令人愉快或是方便的事。但是沒有其他辦法比按重要性辦事更能有效利用時間了。

做事之前，應該清楚地知道，什麼是自己該忙的。在現實生活中，許多不善於利用時間的人在處理日常生活的各個層面時分不清楚哪個更重要，哪個更緊急時常左右為難。這正如法國哲學家布萊茲．帕斯卡（Blaise Pascal）所說：「把什麼放在第一位，是人們最難懂得的。」對許多男人來說，這句話不幸被言中，他們完全不知道怎樣把人生的任務和責任按其重要性排列。

當然，人生有許多推不開的負擔，但是，在這些負擔中，有許多是不必要的。由於貪多、太求全、太急切而使自己顧此失彼。

實際上，懂得有效利用時間的男人都是明白輕重緩急的道理的，他們在處理一年或一個月、一天的事情之前，總是按分清主次的辦法來安排自己的時間。

伯利恆鋼鐵公司總裁查爾斯．邁克爾．施瓦布（Charles Michael Schwab）承認曾會見過效率專家艾維．利（Ivy Lee）。會見時，利說自己的公司能幫助施瓦布把他的鋼鐵公司管理得更好。施瓦布承認他自己懂得如何管理但事實上公司不盡如人意。可是他說需要的不是更多知識，而是更多行動。他說：「應該做什麼，我們自己是清楚的。如果你能告訴我們如何更好地執行計畫，我聽你的，在合理範圍之內價錢由你定。」

利說可以在 10 分鐘內給施瓦布一樣東西，這東西能把他公司的業績至少提高 50%。然後他遞給施瓦布一張空白紙，說：「在這張紙上寫下你明天要做的 6 件最重要的事。」

過了一會又說：「現在用數字標明每件事情對於你和你的公司的重要性次序。」這花了大約 5 分鐘。利接著說：「現在把這張紙放進口袋。明天早上第一件事是把紙條拿出來，做第一項。不要看其他的，只看第一項。著手辦第一件事，直至完成為止。然後用同樣方法對待第二項、第三項……直到你下班為止。如果你只做完第五件事，那不要緊。你總是做著最重要的事情。不久之後，叫你公司的人也這樣做。這個試驗你愛做多久就做多久，然後給我寄支票來，你認為值多少就給我多少。」

整個會見歷時不到半個鐘頭。幾個星期之後，施瓦布給艾維・利寄去一張 2.5 萬元的支票，還有一封信。信上說從錢的觀點看，那是他一生中最有價值的一課。後來有人說，5 年之後，這個當年不為人知的小鋼鐵廠一躍而成為世界上最大的獨立鋼鐵廠，利提出的方法功不可沒。這個方法還為查爾斯・邁克爾・施瓦布賺得 1 億美元。

18 世紀的法國博物學家布豐（Buffon）定居巴黎後，社交活動很繁忙。為了不影響學術研究這個重要的工作，他嚴格執行自己規定的工作時刻表，抓住高效時間工作，為此布豐特地請了一個剽悍的僕人來監督自己，並且約好：如果布豐不起床，僕人就可把他拖到地板上；如果布豐發脾氣，就可以對他用武力。有時他赴宴會，直到半夜兩點多鐘才回家，一到凌晨五點，也得按時起床，否則僕人就可按約行事。布豐嚴格執行自己的規定，在高效時間裡大顯身手，一直工作到晚上六點多鐘。

據一位著名學者多次對人腦進行腦功能的測試後發現，上午八時大腦具有嚴謹、周密的思考能力，下午二時思考能力最敏捷，而下午八時卻是記憶力最強的時候。但邏輯推理能力在白天 20 小時內卻是逐步減弱的。基於以上測試結果，早晨處理比較嚴謹、周密的工作，下午做那些需要快速完成的工作，晚上可做一些需要加深記憶的事，對於這些做某項工作效率最佳的時間，更要加倍「珍惜」，是一點「耗費」不得的。

美國著名鐵路建築技師海力門指出：「個人的一些成功，是精力旺盛所致。」當興趣上來，對一些問題的研究計算，比平常沒興趣時要精確得多。很多中外成功者的經驗說明，要取得較好的學習和工作效果，除了要有強烈的進取心和堅忍不拔的毅力以外，還必須善於利用人體「生物時鐘」刻度上的最佳時間。

把一天的時間安排好，這是很關鍵的。這樣可以每時每刻集中精力處理要做的事。但把一週、一個月、一年的時間安排好，也是同樣重要的。這樣做給你一個整體方向，使你看到自己的宏圖，從而有助於你合理有效的利用時間。

今天才是可以流通的現金

一位名人說過，昨天是一張過期的支票，明天是一張尚未兌現的期票，只有今天才是可以流通的現金。只有今天才是我們唯一可以利用的時間，好好珍惜今日，善加利用吧！

「明日復明日，明日何其多？我生待明日，萬事成蹉跎。」今天你把事情推到明天，明天你又把事情推到後天，一而再，再而三，事情永遠沒個完。只有那些善待今日的人，才會在「今天」奠定成大事的基石，孕育「明天」的希望。

每個人從生到死的時間都是差不多的，但是，在相同的時間裡，有些人能夠做很多事情，效率很高，而另一些人卻只能做極少的事情，沒有成就。原因就是因為他們不懂得珍惜時間，沒有養成時間的好習慣。

時間是平凡而常見的，它從早到晚都在運行，無聲無息地，一分一秒地運行著。而時間又是寶貴的，是每個人生命中最寶貴的東西。

男人要成大事，首先要利用好自己的時間，養成合理利用時間的好習慣，因為良好的時間習慣對你的一生有無窮的回報。

時間就是金錢，只有重視時間，才能獲取人生的成功。

巴爾扎克（Honoré Balzac）說：「時間是人的財富、全部財富，正如時間是國家的財富一樣，因為任何財富都是時間與行動之後的成果，巴爾扎克是怎樣珍惜和利用時間的呢？讓我們看看巴爾扎克普通一天的生活吧！

午夜，牆上的掛鐘敲了十二響，巴爾扎克準時從睡夢中醒來，他點起蠟燭，洗一把臉，開始了一天的工作。這是最寧靜的時刻，既不會有人來打擾，也不會有債主來催帳，正是他寫作的黃金時間。

準備工作開始了，他把紙、筆、墨水都放在適當的位置上，這是為了不要在寫作時有什麼事情打斷自己的思路。他又把一個小記事本放到寫字臺的左上角，上面記著章節的結構提綱。他再把為數極少的幾本書整理一下，因為大多數書籍資料都早已裝在他腦子裡了。

巴爾扎克開始寫作了。房間裡只聽見奮筆疾書的「沙沙」聲。他很少停筆，有時累得手指麻木，太陽穴激烈地跳動，他也不肯休息，喝上一杯濃咖啡，振作一下精神，又繼續寫下去。

早晨 8 點鐘了，巴爾扎克草草吃完早飯，洗個澡，緊接著就處理日常事務。印刷所的人來取墨跡未乾的稿子，同時送來幾天前的清樣，巴爾扎克趕緊修改稿樣。稿樣上的空白被填滿了密密的字跡，正面寫不下就寫到反面去，反面也擠不下了，就再加上張白紙，直到他覺得對任何一個詞都再挑不出毛病時才住手。

修改稿樣的工作一直進行到中午 12 點。整個下午的時間，他用來摘記備忘錄和寫信，在信上和朋友們探討藝術上的問題。

吃過晚飯，他要對晚飯以前的一切略作總結，更重要的是，對明天要寫的章節進行細緻縝密的推敲，這是他寫作中一個非常重要的環節，一個必不可少的步驟。晚上 8 點，他放下了一切工作，按時睡下了。

這普通的一天，只是巴爾扎克幾十年間寫作生活的一個縮影。從此，我們不難看出一個人要想取得成就，就必須養成珍惜時間的習慣，因為時間是走向成功的保證。

有許多人生活了多年還沒弄清時間的價值。其實，我們每個人的時間都是有限的，而且再也不會增加了。然而，我們卻可以掌握對時間的需求，並更有效地利用我們能夠自由支配的時間。

誰掌管著我們能自由支配的時間？通常來說，你的時間是根本不自由的。因為你把自己緊緊束縛在別人的議事日程上，盲目地追隨著，繁雜的事務，不管它對你是不是有益處。

為了避免這種現象，你必須管理好你的生活 —— 也就是管理好你的時間。你要向那些浪費時間的壞習慣挑戰。下面就針對 10 種浪費時間的壞習慣，向你提出改進的建議。

(1) 如何支配贏得的時間

如果你按本書中所有的建議去做，會省下很多時間。你每天至少可以獲得一兩個小時的時間另做它用。那麼當你擁有這些額外的時間之後，你該怎麼運用呢？這是一個很重要的問題，因為如果你不珍惜時間，你的大部分時間也會在不知不覺中消失浪費掉。

因此，你要掌握好自己所節省下來的時間並合理支配。最好制定一個計畫來運用這些時間，並分配一定時間用於娛樂方面，去做一些使你更接近於你個人及職業目標的活動。你只有以相當的毅力才能贏得這些寶貴的時間，所以一定要運用得當。

(2) 每天做好計畫

沒有哪一位足球教練不在賽前向隊員細緻周密地講解比賽的安排和戰術。而且事先的某些計畫也並非一成不變，隨著比賽的進行，教練會根據賽情作某些調整。重要的是，開始前一定要做好計畫。

你最好為你的每一天和每一週訂個計畫，否則你就只能被迫按照不時放在你桌上的東西去分配你的時間，也就是說，你完全由別人的行動決定你辦事的優先與輕重次序。這樣你將會發覺你犯了一個嚴重錯誤 —— 每天只是在應付問題。

為你的每一天定出一個大概的工作計畫與時間表，尤其要特別重視你當天應該完成的兩三項主要工作。其中一項應該是使你更接近你雖重要目標之一的行動。在星期四或星期五，照著這個辦法為下個星期作同樣的計畫。

請記住，沒有任何東西比事前的計畫能促使你把時間更好地集中運用到有效的活動上來。研究結果證實了一個反比定理:當你做一項工作之時，你花在制定計劃上的時間越多，做這項工作所用的時間就會越少。不要讓一天繁忙的工作把你的計畫時間表打亂。

(3) 按日程表行事

為了更好地實施你的計畫，建議你每天保持兩種工作表，而且最好在同一張紙上。這樣一目了然，也便於比較。

在紙的一邊或在你的記事本上列出某幾段特定時間要做的事情，如開會、約會等。在紙的另一邊列出你「待做」的事項 —— 把你計畫要在一天完成的每一件事情都列出來。然後再審視一番，排定優先順序。表上最重要的事項標上特別記號。因此，你要排出一、二段特定的時間來辦理。如果時間允許，再按優先順序盡量做完其他工作。不要事無巨細地平均支配時間，要留有足夠的時間來彈性處理突發事項，否則你會因小失大完不成主要工作。

「待做事項表」有一項很大的特點，那就是我們通常根據事情的緊急程度來排定。它包括需要立刻加以注意的事項，其中有些很重要，有些並不重要，但是它有一個缺陷，通常不包括那些重要卻不緊急的事項，諸如你要完成但沒有人催你的長遠計畫中的事項和重要的改進項目。

因此，在列出每天「待做事項表」時，你一定要花一些時間來審閱你的「目標表」，看看你現在所做的事情是不是有利於你要達到主要的目標，是否與其一致。

在結束每一天工作的時候，你很可能沒有做完「待做事項表」中的事項，不要因此而心煩。如果你已經按照優先次序完成了其中幾項主要的工作，這正是時間管制所要求的。

不過這裡有一項忠告：如果你把一項工作（它可能並不十分重要）從一天的「待做事項表」上移到另一天的工作表上，且不只是一兩次，這表明你可能是在拖延此事。這時你要向自己承認，你是在打馬虎眼，你就不要再拖延下去了，而應立即想出處理辦法並著手去做。

你最好在每天下班前幾分鐘擬定第二天的工作日程表。對於那些成功的高級經理人員來講，這個方法是他們做有效的時間管理計畫時最常用的一個。如果拖到第二天上午再列工作計畫表，那就容易做得很草率，因為那時又面臨新的一天的工作壓力。這種情況下排定的工作表上所列的常常只是緊急事務，而漏掉了重要卻不一定是最緊急的事項。

帕金森教授說得不錯，紛繁的工作會占滿所有的時間。

避免帕金森定律產生作用的辦法似乎很明顯：為某一工作定出較短的時間，也就是說，不要將工作戰線拉得太長，這樣你就會很快地把它完成。這就是你為什麼要定出每日工作計畫的目的所在。沒有這樣的計畫，你對待那些困難或者輕鬆的工作就會產生惰性，因為沒有期限或者由於期限較長，你感覺可以以後再說。如果你只從工作而不是從可用時間上去著想，就會陷入一種過度追求完美的危機之中。你會巨細不分，且又安慰自己已經把某項次要工作做得很完美，這樣做的結果只能是主要目標落空了。

消除錯誤時間觀念

很多人抱怨時間不夠用，往往不是因為事情太多，沒有時間完成。根源是不會正確地掌握使用時間的技巧。只有拋棄那些錯誤的時間觀念，才能使時間發揮最大的效用！

中國古代流傳這樣一句話：「逝者如斯夫。」它在向我們強調時光短暫，一旦流逝，任誰都不能挽回。這與我們一直在強調時間的重要性不謀而合，只有珍惜時間才能擁有時間。只有正確地使用時間，才能用時間締造成功！

但是在我們生活和工作中，我們都會被一些錯誤的時間觀念所誤導，觸碰一些管理時間的禁忌。相信這不是你所樂見的，下面就為大家解析一下，最容易使你陷入浪費時間危機的錯誤時間觀念：一心多用和好高騖遠。

在同一個時間段，做兩件甚至更多的事情被定義為「一心多用」，談到一心多用，伊格諾蒂烏斯．蘿拉曾經表示：相對那些同時涉獵很多領域的人，一次只完成一件事的人要產生更多的價值。乍看之下一心多用可以節省很多的時間，可實際上效果真的好嗎？

張曉梅是一名前臺助理，看似只是端茶倒水、接聽電話的工作，實際做起來是相當有難度。一般上午是張曉梅特別忙的時候，在這個時間段裡安排客戶拜訪時間、各種推銷電話……光是處理這些棘手的電話，已使張曉梅焦頭爛額。

再加上冗長的例會，準備會議資料、記錄會議內容、反應各位發言人的意見回饋……這些文書資料也讓張曉梅常常抓狂。

於是張曉梅自作聰明地發明了「一心多用」的策略，在接聽電話的時候列印會議記錄、記錄會議記錄的同時註明發言人的觀點等等，雖然這其中有一些策略可以為張曉梅節省一些時間，去處理其他的事務。但是更多的時候，張曉梅總是被這些策略弄巧成拙。

有一次替老闆寫生日祝賀卡的時候，張曉梅接到了某公司老闆的電話，職業素養要求張曉梅詢問這位客戶的姓名，那位老闆姓張，誰想到張曉梅將這位客戶的姓氏寫到賀卡上，而賀卡寄往的是林氏企業。這樣一個不起眼的錯誤，卻使兩間公司的合作中斷了，老闆很生氣，張曉梅也很懊悔。

在很多事務上，一心多用是使用時間、管理時間的一個奇招，它可以延長時間的使用壽命。但是這只限於一些較為邊緣的事務上，即那些不重要也相對不緊急的事務。如果同時處理很多比較緊要的事務，由於時間緊迫我們勢必會將注意力分散到不同的領域當中，這樣一來會阻礙成功的進程，最後的結果將不是你所樂見的。

正確使用時間的觀念要求我們一次只做一件事，如果可以保質保量固然兩全其美，但如果不能這樣兼顧質與量，我們必須保質，即做好當下的這件事。即使是才華出眾的人，讓他 一心多用，也不能保證將所有精力平均劃分，而保證每一件事務的品質。

對於管理時間、使用時間，很多人存在一種好高騖遠的願景，即制定計劃表從明天開始執行，今天得過且過。這種時間觀念是錯誤的，如果想正確使用時間，我們必須從現在開始，利用好當下的時間。

積極地管理時間可以締造財富、提高效率，那些真正的成功者有一個共性，就是他們懂得時間就是財富、就是效率、就是生命的道理，並且在人生的道路上尊重這個道理。

你有沒有發現？一個人成功或失敗，並不來源於這個人的專業能力，能否有效管理時間成為締造一個人成功的關鍵因素。

美國石油大亨約翰．D．洛克斐勒（John D. Rockefeller）

的財富富可敵國，很多人都在討論，他究竟憑藉什麼創造這麼多的財富？是智慧？還是機遇？

在一次接受採訪的時候，洛克斐勒曾經自信地表示：「即便上帝現在將我所有的財富帶走，讓我在阿拉伯的沙漠裡流浪，我也不怕。相信我，只要能重新回到這繁華的社會，十幾年之後我必定會像現在這樣富甲一方。」

一位記者對這種說法有些不屑，嗤之以鼻道：「洛克斐勒先生，請問您的自信來自於哪裡呢？您怎麼那麼確定呢？」

洛克斐勒大笑著指了一下自己的腦袋，擲地有聲地說：「因為珍惜當下、此刻，並且我敢肯定誰都沒有我珍惜時間，我會用每一分每一秒來創造財富！」

洛克斐勒的成功源於對每一分鐘不懈地管理，可見管理時間就是在管理你的財富。但是眾所周知，時間既具體又虛無，管理談何容易？因此很多人在生活和工作中都會放任自己，做報表的時候瀏覽娛樂網頁、討論策劃案的時候腦子裡想別的事情……

我們之所以平時覺得沒時間，就是因為在很多時候都不重視時間，浪費了時間也不思考去改正，所以就會讓自己一直處在低效利用時間的惡性循環中。其實，所有的時間都是以現在為起點的，為了避免好高騖遠影響我們使用時間，我們必須重視每一天、每一分、每一秒，甚至每一瞬的時間，然後全力以赴自己的目標。我們必須掌握每個瞬間去奮鬥！

將時間花在學習上

將我們的時間花在學習上，雖然可能不會取得立竿見影的功效，但是隨著時間的推移，我們的層次就會逐漸提高，從而讓我們取得成功，產生量變到質變的飛躍。

我們都知道，一分耕耘，一分收穫。

比如當一群 20 多歲年輕人在剛開始的時候，都可能面臨相同的境遇，做著一些剛剛入門的工作，而且拿得薪酬也不高。可是經過 10 年的時間，當大家都上了 30 歲之後，我們再將這群人集中起來比較一下就會發現，有的人已經成了所在行業的菁英或著已開創出了自己的事業，事業有成，家庭美滿幸福，目光裡透著自信。

而這時依然停滯不前的人就顯得有些難堪了，20 多歲的時候自己身無餘物還可以諒解因為畢竟剛剛進入社會，閱歷還比較淺。可是過了 30 依然兩手空空，這看起來就會讓人覺得寒酸。也許我們有的人會把這種差別歸於社會、歸於機遇，可是最終的問題其實都在於我們自己。都是因為我們沒有管理好自己的時間而造成的，當別人在不斷學習和成長的時候，我們卻沒有沒把時間用在這方面，而將時間都用在了放鬆、遊玩上。而且還覺得自己沒有時間、沒有機會學習，這些話都是藉口。不管在多麼艱難的情況下，只要我們不放棄，就沒有什麼力量能阻止我們學習的腳步。我們應該牢記這句名言「時間就像海綿裡的水，只要擠擠，還是有的。」

亞洲首富李嘉誠在接受一家媒體採訪的時候說，他成功靠的就是不斷地學習，給自己的學習分配大量的時間。

李嘉誠勤於學習的精神是顯而易見的，幾乎在任何情況下他都不忘記學習：在年輕的時候，他打工期間用高度的熱情去學習自己對工作不懂的方面；創業期間堅持自學；當事業成功，開始經營自己的「商業王國」了，他依然仍孜孜不倦地堅持學習。

李嘉誠在每晚睡前都安排了看書的時間，而且早已經形成了習慣。他特別喜歡看人物傳記，不論是什麼行業，對社會有所幫助的人都讓他很佩服，都讓他心存景仰。

他很早就開始執行學習英語的計畫。為此他特地聘請了一位私人教師，在每天早晨的 7 點 30 分就開始上課，等上課結束再去上班，一直如此。當年，在辦塑膠廠時，他還訂閱了英文版本的塑膠雜誌，這樣一來既能提高他的英文水準，同時還了解了世界最新的塑膠行業動態。

當時，在這個香港，懂英文的華人都沒有幾個，學會了英文李嘉誠就可以直接飛往英美去參加各種大型展銷會。而且能直接與外籍顧問、銀行的高層進行交流，這為他成功進入國際市場提供了很好的保障。

李嘉誠的成功，是因為他能將更多的時間用在學習上，不斷安排時間學習，就會不斷進步，所以他成功了。

我們不要覺得當自己拿到了文憑，走出了校門，學習的歷程就結束了。即使我們已經擁有了足夠的資格證書，可是還需要在社會上不斷學習，這才能走上坡路。把自己的時間多向學習上分配點，可以經常參加一些培訓班或研習會，這樣做既能讓我們學到一些新的知識和觀念，也能讓我們進一步了解行業發展趨勢。

不要參加這些培訓班或研習會不屑一顧。事實上，如果遇到同行，我們就可以進行彼此的經驗交流工作，探討這個行業的發展趨勢，從而可以了解到更多有關的行業資訊。這些資訊對我們做出決策和發展事業都是很有幫助的。如果沒有遇到同行，那就可能遇到我們的顧客。而且我們也有可能從對方那裡得到我們正在尋找的東西。

要走向成功，就不要忽視花在學習上的時間。這是非常重要的。只有我們給自己的學習分配了足夠的時間，這才可能讓我們與時俱進，不斷提高。

倘若等到我們年齡漸漸成長了，頭髮由黑變白時才後悔自己當初沒有趁早學習，沒有將該學的都學會，沒有將該做的都做了，這就為時晚了，因為過去的時間是無法再找回來的。

提前計劃，為第二天做好時間安排

計畫做好了，這就相當於成功了一半。在工作中，學會合理地安排工作，其主要目的就是提高自己的工作效率，從而為自己的生活創造更多的時間，讓工作與生活的其他方面取得平衡。

對我們而言，時間並不是白白送給我們的，而是自己擠出來的。我們應該學會怎麼為自己創造更多的時間。

在我們的日常工作中，許多人都有這樣的親身體會：當我們在每天的工作結束後整理好自己辦公桌上的東西，然後將第二天的工作安排好再離開，這會對於我們第二天工作的順利開展有非常重要的作用。雖然我們可能只需要花幾分鐘的時間就可以完成明天的工作安排，但這幾分鐘是非常值得用得。當我們養成了這個好習慣，第二天到辦公室時就會覺得一切都井然有序。即使我們可能在連續一個月的時間裡都在做一個項目，那我們也應該在每次下班前把檔整理好，同時將目前工作中暫時並不需要的各種書籍、資料夾、筆記和其他各類資料都進行整理歸類，為自己第二天繼續工作創建一個整潔有序的工作環境。

我們在每天下班之前，都應該花幾分鐘時間對自己的第二天早晨的任務做個安排，一定要認真思考，要確定我們已經把所有的因素都考慮到位了，這樣我們的工作才有可能達到自己的預期效果。於是可以使我們在第二天上班時忙地進入工作的角色。你將各種工作按輕重緩急的次序排好，寫到記事本上放到桌子的中央，這樣早晨到單位後各項任務一目了然。

我們在每天下班之前，都能為第二天的工作做好準備的話，長期堅持做下去，當養成了習慣，我們就會發現這樣做會有很多好處：

第一，我們透過回顧自己一天中所做出的成績，這樣就能讓自己有機會對完成的任務做出評價。倘若想想自己已經完成的任務，我們就會心情愉快。這種工作的成就感與滿足感會讓我們在第二天的工作中精力充沛、幹勁十足，對於我們保持良好的精神狀態有很大的好處。

第二，當我們對自己當天的工作進行整理的時候，我們就會給自己的大腦傳輸了一個信號，那就是今天的工作已經圓滿結束。因為我們在一天中已經盡自己的努力付出了時間和精力，完成了自己的該完成的任務，那麼現在就應該做點其他事情的時間了。不要讓那些無盡的憂慮就要剝奪我們的整個晚上，甚至在深夜侵蝕我們的思維，讓我們無法入睡。

同時，倘若我們能在前一天下班之前對自己當天的工作做個整理，那麼第二天的工作就會有一個好的開始。於是，當第二天我們到辦公室的時候，就會覺得自己精神煥發、思維清晰。很簡單，因為我們用不著再花時間去收拾昨天留下的爛攤子。所以，第二天一來上班我們就能立刻進入良好的工作狀態。而且昨天已經對今天的工作做了計畫，也就不必再費時考慮今天應該做什麼。我們要明白，如果每天上班後才對自己當天要做的事進行思考，才想哪些事情重要，哪些事情緊急，這樣將會讓我們一天中最寶貴的早晨時光浪費很多，有時候會費去你半小時甚至更長的時候。

第三，我們在當天下班之前對自己當天的工作進行總結和評價，並且為第二天的任務做出計畫和安排，這樣其實能激發我們的潛意識，讓我們為下一步的工作做好首先做好精神上的準備，精神飽滿的開始第二天的任務。同時由於我們已經回顧了今天的工作，而且也對明天的工作做出了計畫，所以當我們回到家中也就可以不用再去想公司中的事務而安心地休息。

第四，我們應該給自己工作定一個期限。每天，我們都應做到在規定的時間內完成規定的任務，在分配時間的過程中，一定要調動我們的意識與潛意識，對自己的時間做一個合理的預算。如果我們的工作計畫做得細緻而且科學，那麼我們在工作時就不會出現手忙腳亂的現象，我們也不會產生過重的壓力。同時，我們也要注意，在安排時間的時候不要對某項工作分配的時間太多，否則就可能出現有恃無恐、浪費時間的現象。

不可忽視業餘時間

時間，有工作時間和業餘時間之分。工作時間利用好，能讓自己的事業步步高，業餘時間利用好，能讓自己的事業錦上添花，能讓自己站得更高，看得更遠。

朋友，你對自己工作外的業餘時間是如何安排的？也許，有很多人的回答就是放鬆一下，看電視，玩遊戲，睡覺等。其實這樣的做法並沒有讓自己的業餘時間發揮光和熱。不要小看業餘時間，往往這些業餘時間能造就一個人，也可以毀掉一個人。

在一所城市的郊區住著三戶人家，他們三家的房子正好在一排。三家的男主人同時都在城裡的一家煉鐵廠工作。

在煉鐵廠工作很辛苦，而且薪酬也不高。所以下班後他們三個人都有自己要做的事。其中一個買了一輛三輪車，於是下班後就去城裡拉人，一個則在街邊擺了一個修車攤，還有一個下班後並沒有去賺外快，而是安安靜靜地在家裡看書，寫文章。這三個人中，蹬三輪車的那位賺的錢最多，他拉客人的錢都比自己在煉鐵廠賺得多，而那位修車的收入也不錯，最起碼支付柴米油鹽的開支還是沒問題的，只有那位讀書寫文章的人沒有收入，可是他的生活也很自在。

有一天，三個人坐在一起聊天，突然間他們就談到了理想這個話題。於是他們就相互交流了一下。蹬三輪車的人說：「要是我以後天天能拉到客人就很滿足了。」修車的說：「我非常希望自己能在城裡開一個修車鋪。」喜歡讀書的那個人思索了一下子說：「我打算以後離開這家煉鐵廠，我想當一名作家。」他的理想在這三位中是最難實現的，其他兩位聽了他的話後根本就不相信他能實現理想。

5 年過去了，他們三個依然過著原來的生活。可是 10 年後已經產生了變化，那位修車的實現了自己的理想，他在城裡開了一家修車鋪，自己當起了老闆。而那位蹬三輪車的依然在煉鐵廠，下班後去城裡蹬車。而那位看書寫字的人，已經發表了很多作品，並且出版了個人作品集，成了一名赫赫有名的作家。

看似並不多的業餘時間，卻讓他們之間有了這麼大的差距。由此可見，業餘時間用好了，自己的人生也能升值。

人的生命是有限的，但人生的價值則是無限的。我們完全可以利用有限的生命去創造出無限的人生價值。時間具有雙重性，最慢也最快，最小也最大，最長也最短。有人說，時間就像一塊海綿，要靠一點一點地擠；也有人說，時間更像一塊邊角料，要會合理利用，只有一點一滴地累積，才會得到充足的時間。而對業餘時間的合理利用，則為我們走向成功增加了很大籌碼。

我們再來看下面這則故事：

麥都在 14 歲的時候，由於年幼疏忽，對於格林．布魯斯先生曾經告訴他的一個道理沒有注意，在他後來回想的時候，覺得布魯斯的話說得簡直太對了，直至他長大成人後的工作和生活，也從這句話中受到了很多啟示。

格林．布魯斯是麥都的鋼琴老師。在一次上鋼琴課的時候，老師忽然問麥都每天花多長時間去練琴。麥都說大約三四個小時吧！

「你每次練習的時間都很長嗎？」

「對，我是這麼認為的。」麥都說。

「不，你最好不要這樣。」布魯斯說，「等你長大後，你就沒有那麼長的時間去練琴了。但是你可以在每天有空的時候練幾分鐘。比如在你上下學之後，或在午飯以後，或在休息的時候，每次只需要 5 分到 10 分鐘的時間就可以了。這樣，就可以把練習的時間分散在自己一天的生活裡面，彈鋼琴就成了你日常生活中的一部分了。」

後來當麥都成了哥倫比亞大學教授的時候，他曾一度想兼職從事寫作。可是學校的好多事情，包括上課、閱試卷、開會等事情，這些都把他白天晚上的時間全部占滿了。在兩年的時間裡，他進行創作的計畫沒有執行，甚至連一個字都沒有寫。他總是說自己沒有時間。突然有一天她想起了當年格林．布魯斯先生告訴他的話。

於是，當新的一週到來的時候，麥都就按照老師的話去做了。他每天只利用 5 分鐘的時間寫個 100 字左右或是短短幾行文字。可是讓他沒有想到的是，到週末的時候寫的字數已經很多了。後來，他就把這個方法用在了小說創作上。雖然他的授課任務比較繁重，可是他每天仍有許多可以好好利用的空餘時間。他還認為每天小小的間歇時間，對他從事創作和彈琴這兩項工作來說已經足夠了。

幾分鐘的業餘時間都能創造出很大的價值，麥都的事例告訴我們，任何業餘時間都不可不在乎，用得好的人，就像過龍門的魚，奔向更廣闊的天地，創造更喜人的成績。

第3章
刻苦勤奮，一分耕耘才有一分收穫

如果說人世間有天才存在，那也只是因為他們比別人多了那百分之一的靈感，而剩下的百分之九十九都是用來澆灌成功之花的汗水。無數事實證明，只有勤奮和刻苦才是通向成功的必經之路。

勤能補拙，做一個實踐家

假使你不能成為高山上挺拔的蒼松，那麼就做山谷中最美好的百合花。成就不在於事業大小，而在於盡心盡力地去做。

如果我們是智者，要記住一句：「成功是一分天才，九十九分的血汗。」如果我們是愚者，更要記住：「勤能補拙，更要付出更多的血汗。」

高爾基說：「天才就是勞動。」歌德說：「天才所要求的最先和最後的東西，都是對真理的熱愛。」海涅說：「人們在那裡高談闊論著天才和靈感之類的東西，而我卻像首飾匠打鏈那樣地精心地勞動著，把一個個小環非常合適地聯結起來。」

顯然，「精心勞動」、「耐心」、熱愛真理、勤奮、對工作的堅持性，都在實踐中促進了一個人的智力發展。可見，在研究成功者的智慧結構的時候，不能忽略其非智力因素。

非智力因素，又叫人格因素。俗話說：「勤能補拙」。勤奮學習，堅持不懈，愚笨的人也可以變得聰明。有學者曾查閱過世界上 53 名學者（包括科學家、發明家、理論家）和 47 名藝術家（包括詩人、文學家、畫家）的傳記，發現他們除了本人聰慧以外，還有以下共同的性格特質：勤奮好學，不知疲倦地工作；為實現理想，勇於克服各種困難；堅信自己的事業一定成功；爭強好勝，有進取心；對工作有高度的責任感。可見，在文藝和科學上卓有成就的人，並非都是智力優越者。這與其本人主觀上的艱苦奮鬥，克服困難是分不開的。

丹麥童話作家安徒生家道貧寒。他曾想當演員，劇團經理嫌他太瘦；他又去拜訪一位舞蹈家，結果被奚落一番轟了出來。他流浪街頭，以頑強的毅力刻苦學習，終於成為世界著名的童話作家。

高爾基的童年，也並未表現出某種天才的特質。開始他想當演員，報考時，未被看中；他偷偷地學習寫詩，把寫下的一大本詩稿送給柯洛連科審閱，這位作家看了他的詩稿說：「我覺得你的詩很難懂。」高爾基傷心地把稿子燒了。在以後漫長的浪跡生活中，他發憤讀書，不斷累積社會閱歷和人生經驗，終於成為蜚聲文壇的文豪。

安徒生和高爾基成長的道路說明，藝術才能有極大的可塑性。人才成長的非智力因素方面較多，有的表現為社會責任感，理想和志向，順應時代潮流；有的表現為個人心理和人格特徵，如，有志氣、有恆心、有毅力、不自卑，在成績面前永不止步；還有的表現為人生道上的機遇。

研究名人的成長道路，可以說幾乎沒有一個是一帆風順的。

史蒂芬．霍金（Stephen Hawking）出生於英國的牛津，他年輕時就身患絕症，然而他堅持不懈，戰勝了病痛的折磨，成為了舉世矚目的科學家。

霍金在牛津大學畢業後即到劍橋大學讀研究生，這時，他被診斷患了「漸凍症」，不久，就完全癱瘓了。1985 年，霍金又因肺炎進行了穿氣管手術，此後，他完全不能說話，依靠安裝在輪椅上的一個小對講機和語言合成器與人進行交談；他看書必須依賴一種翻書頁的機器，讀文獻時需要請人將每一頁都攤在大桌子上，然後，他驅動輪椅如蠶吃桑葉般地逐頁閱讀……

但霍金不會因為小小的病痛折磨而放棄了對學習的渴望，他正是在這種一般人難以置信的艱難中，成為世界公認的引力物理科學巨人，霍金在劍橋大學任牛頓曾擔任過的「盧卡遜數學講座教授」之職，他的黑洞蒸發理論和量子宇宙論不僅轟動了自然科學界，並且對哲學和宗教也有深遠影響。霍金還在 1988 年 4 月出版了《時間簡史》，此書已用 33 種文字發行了 550 萬冊，如今在西方，自稱受過教育的人若沒有讀過這本書，會被人看不起。

人的才能不是天生的，是靠堅持不懈的努力，靠勤奮換來的，大思想家孔子為了取悅母親，挑燈夜讀，經過一遍又一遍的練習才學會了母親交給他的生字。他的繼承人孟子也不是一個天生就有學問的人。孟子幼年的時候非常貪玩，不喜歡讀書，後來，孟母為了教育兒子，三次搬家，還剪斷布匹開導他，才使孟子明白了要想成才，必須努力勤奮的道理。

即使有一定的天分，如果後天不努力，到頭來也會變成一個碌碌無為之人。我們還記得王安石的《傷仲永》吧！天分極高的仲永因為後天不努力，最終才華白白浪費，落得個和一般人沒有什麼區別的下場。

所以，要想成才，必須努力！在成才道路中，重要的是對自己的學識、才能、特點，有清醒的自我意識，努力爭取主客觀默然契合。實踐告訴我們，成功永遠光顧那些為理想付出了心血的實踐家。

俗語說：「一分耕耘一分收穫」，春種秋收，這是自然界的發展規律，也是做事、成就事業的一個不可更改的法則。凡事要成功，必須經過艱苦的奮鬥，只有養成勤勞的習慣，一分耕耘才會有一分收穫。

多一些行動，就多與成功靠近一點

如果說人世間有天才存在，那也只是因為他們比別人多了那百分之一的靈感，而剩下的百分之九十九都是用來澆灌成功之花的汗水。無數事實證明，只有勤奮和刻苦才是通向成功的必經之路。

阿春和阿來是高中同學，升學考試的成績也不相上下，同時考入了某大學，但就在收到錄取通知書的同時，阿春的母親突患急症而入院急救，經診斷為腦溢血，因搶救及時而無生命危險，但卻從此成了植物人。這無疑給那個本不寬裕的家庭造成了重創，望著白髮愁眉的老父和躺在特護間裡的老母，阿春決定放棄學業，以幫老父維持這個家的生計。為了償還給母親治病欠的債，他決定出去打工。

在建築工地上，阿春起初是個苦力工，由於有些教育程度，經理有意要阿春到後勤去搞搞預算什麼的，但後勤是固定薪酬，收入穩定但不高，阿春就請經理給安排在一線賺錢多點的崗位。在工作期間，阿春邊做邊學，不恥下問，很勤快，對任何不懂的東西都向有關的師傅請教。在實踐中虛心學習，使阿春在一年多的時間裡掌握了幾種主要建築工程必備的技術。但這只是實際操作知識，阿春又利用那點有限的休息時間，購置了些建築設計、識圖、間架結構等有關書籍資料，開始在蚊子叮燈光暗的工棚裡學習。

偶爾與阿來通信，他在信裡給阿春描述大學的生活如何的豐富多彩，信上說，大學裡可以和同學談戀愛，進舞廳，同學們可以到校外去聚餐野遊喝酒。阿春寫信說自己打工的條件很苦，沒有機會上大學了，勸阿來要珍惜那裡優越的學習機會和條件。阿來回信說在大學裡學習一點都不緊張，學的只要別太差，一樣會拿到畢業證書的。

第二年，阿春基本掌握了基建的各種操作技術和原理，漸漸由技術員提升為副經理。由於阿春的好學肯做精神，以及扎實的功底，公司試著給阿春一些小項目讓其去施工。由於處理得當和管理到位，阿春的每個項目都完成地非常出色，在這期間，阿春仍沒放棄學習，自修了哈佛管理學中的系列教程，還選修了一些和建築有關的學科，準備參加檢定考，完善自我。

第三年，公司成立分公司，在競選經理時，阿春以優秀的成績競選成功，他準備在這個行業中一展宏圖、建功立業。

同年六月，上大學的阿來畢業了，由於平時學習不太刻苦，有幾科考的很不理想，勉強拿到畢業證。因此在很多用人單位選聘時都落選，只有一家小公司看中他，決定試用半年，由於剛畢業且在實習期，薪酬和待遇不高，以及工作條件不理想，阿來很惱火。由於他學習成績不佳，且在工作中態度不端正，雙方均不滿意，只好握手言別，阿來失業了。

此時的阿春已是擁有近千人的工程公司的經理，仍在遠端教育網上進修和業務相關的課程。阿來到阿春說自己要給阿春來做個助手，「朋友嘛，總有個照顧。」 阿春說：「來做可以，我這裡同樣也只問效益和貢獻，沒有朋友和照顧，要拿得出真才實學。到哪都會得到承認，光靠朋友和照顧，那是對你以及我公司的失職，那永遠是靠不住的」。

實力的強弱並不能決定能力的高低和成功與否。學習中，資質平庸的人，只要用心專一，假以時日，必有所成。相反，天資聰穎的人如果心浮氣躁，用心不專，只會辜負上天的厚愛，一事無成。

學習的機會是無所不在，各種環境與機構處處在學習。學校教育僅僅提供學習機會的一部分，學習場所更不是只有學校而已。生活所處的家庭、鄰里、社區、社團、企業等各種各樣環境與機構都是終身學習機會的一環。記住：世上無難事，只怕有心人。

勤奮是通向成功的最短路徑

勤奮是通向成功的最短路徑，也是實現夢想的最好工具，無論是在富裕還是貧困的環境中，只要你肯勤快做事，付出你的努力，你就一定會有收穫，因為天道酬勤。

電腦專家兼詩人范光陵先生，在美國獲得斯頓豪大學的企業管理碩士，獲得猶他州立大學的哲學博士，後來又專攻電腦，很早寫出一本《電腦和你》的通俗讀物，暢銷於臺灣和東南亞。他又在國際上奔走呼號，推動成立電腦協會，舉辦電腦講座，召開電腦國際會議，到處發表關於電腦的演講。由於他在這方面的貢獻，泰國國王親自向他頒發電腦成就獎，英國皇家學院授予他國際傑出成就獎。

就是這樣一個天才的人物，剛畢業到美國時也是靠打工吃苦混出來的。開始時，他在一家叫湯姆．陳的餐館，做一份打雜的活。

每天工作 11 個小時，一週工作 6 天，餐館中最髒、最累的事全都要做，月薪為 280 美元。

倒垃圾、刷廁所、洗盤碗、切洋蔥、剝凍雞皮……每天像個陀螺一樣忙得團團轉。餐館裡的人大大小小全是他的上司：大廚、二廚，連資深雜工全都是上司，誰都可以對他指手畫腳，動輒訓斥或隨意作弄。

「笨蛋！這麼笨的腦子，還是什麼留學生！」

虎落平陽被犬欺，龍游淺灘遭蝦戲！范先生不但能吃得起大苦，而且還得受得起侮辱，這就不光是毅力，而且還與他胸揣事業雄心分不開的。

他在兩年裡打過各種各樣的工 —— 洗盤碗、收盤碗、做茶房、端茶送水、賣咖啡、做小工、做收銀員、售貨員……

他曾窮到口袋裡沒有1分錢，整天只喝清水，吃麵包屑，但心揣雄心的他仍然不停地思索著，摸索著，想找出一條路來。

後來，他賺了錢，上大學，念研究生，獲得了企管碩士、哲學博士學位、成為了電腦專家和詩人、他圓了自己的夢，實現了他的理想。

世界上的事，向來是一分耕耘一分收穫，怕吃苦，圖安逸，成不了大事。請想想，哪位傑出人物不是吃得人間許多苦方才奮鬥出來的？

據說蘇聯的著名詩人馬雅可夫斯基也睡這種圓木枕頭。估計馬雅可夫斯基不會知道司馬光睡「警枕」，不是有意模仿別人，但英雄所見略同，為了警策自己，想到了同一件事。

為了早起，司馬光、馬雅可夫斯基用圓木枕頭警醒自己。要成就大事業，總得有熱情盎然的雄心，總要付出比別人多幾倍的努力。許多既不乏情商又不乏智商的優秀的人才就因為缺少勤奮的習慣，缺少堅韌地毅力這樣一個要素而不能成就事業，這不是社會的責任，不是環境的錯，不是命運的錯，而是自己對自己的一種不負責任，一種自我放棄的錯。

科幻大師朱爾・凡爾納（Jules Verne），他一生寫了幾十部科幻小說，有《海底兩萬里》、《地心遊記》、《格蘭特船長的兒女》、《神祕島》、《氣球上的五星期》、《八十天環遊地球》等等。這些小說被翻譯成多種文字，介紹到世界各國，他本人也成為科幻小說的開山祖師。但是，在很長時間裡，他寫的科幻小說送到巴黎的好幾個出版社，都被退稿。一封又一封的退稿信曾經使他精神崩潰，氣得他拿起書稿扔到火爐裡去。坐在一旁的妻子眼疾手快，從火爐裡撿出書稿，和顏悅色地勸丈夫不要洩氣，自會有識寶的人。好在凡爾納確是一匹千里馬，又有從善如流的性格。果然，再投一家出版社，那裡的編輯看好，答應出版。出版之後，大受讀者歡迎，大受好評。這家出版社又向他要稿子，他便把堆在屋裡的書稿一部部送去，都一一出版了。

這一段文壇佳話道出了筆耕的艱難，道出了毅力的重要，道出了有壯志雄心者即使遭受一而再、再而三的挫折也切不可氣餒，勝利就在堅持之中！

很多人想找一條通向成功的捷徑，當眾裡尋它千百度之後，發現「勤」字，是成功者不可缺少的習慣之一。

古時有位姓王的青年，是個大戶人家的子弟，從小就事愛道術，他聽人說嶗山上有很多得道的仙人，就前去學道。

王生在清幽靜寂的廟宇中，只見一位老道正在蒲團上打坐，只見這位老道滿頭白髮垂掛到衣領處，精神清爽豪邁，氣度不凡。王生連忙上前磕頭行禮，並且和他交談。交談中，王生覺得老道講的道理深奧奇妙，便一定要拜他為師。道士說：「只怕你嬌生慣養，性情懶惰，不能吃苦。」王生連忙說：「我能吃苦。」老道便把他留在了廟中。第二天，王生在師父的吩咐下隨眾人上山砍柴。

這樣過了一個多月，王生的手和腳都磨出了很厚的繭子，他忍受不了。這種艱苦的生活，暗暗產生了回家的念頭。

又過了一個月後，王生吃不消了，可是老道還不向他傳授任何道術。他等不下去了，便去向老道告辭說：「弟子從好幾百裡外的地方首來投拜您，不指望學到什麼長生不老的仙術，但您不能傳些一般的技術給我嗎？現在已經過去兩三個月了，每天不過是早出晚歸在山裡砍柴，我在家裡，從來沒吃過這樣的苦。」老道聽了大笑說：「我開始就說你不能吃苦，現在果然如此，明天早上就送你走。」

王生聽老道這樣說，只好懇求說，「弟子在這裡辛苦勞作了這麼多天，只要師父教我一些小技術也不枉我此行了。」老道問：「你想學什麼技術呢，」王生說：「平時常見師父不論走到哪裡，牆壁都不能阻隔，如果能學到這個法術就滿足了。」

老道笑著答應了他，並領他來到一面牆前，向他傳授了祕訣，然後讓他自己念完祕訣後，喊聲「進去」，就可以進去了。王生對著牆壁，不敢走過去。老道說，「試試看。」王生只好慢慢走過去，到牆壁時披擋住了。

老道指點說：「要低頭猛衝過去，不要猶豫。」當他照老道的話猛向前衝，真的未受阻礙，睜眼已在牆外了。王生高興極了，又穿牆而回，向老道致謝，老道告誡他說：「回去以後，要好好修身養性，否則法術就不靈驗了。」說完，就讓他回去了。

王生回到家中自得不已，說自己可以穿越厚硬的牆壁而暢通無阻。他妻子不相信。於是，王生按照在老道處學的方法，離開牆壁數尺，低頭猛衝過去，結果一頭撞在牆壁上，立即撲倒在地。

生性懶惰，卻還想得道成仙，這無疑是異想天開。懶惰不改，要想獲得成功，必定會碰壁的。如果說王生的遭遇是一個懶惰者的遭遇，那麼王生所得的教訓就是所有懶惰者的教訓了。

沒有一個人的才華是與生俱來的。在成功的道路上，除了勤奮，是沒有任何捷徑可走的，在每個成功者的身上，他們都有著勤勞的習慣。

在這個競爭激烈的世界裡，人才雲集，競爭對手強大。快節奏的生活，高度的競爭又時刻令人體會到一種莫大的壓力，潛移默化地催人上進。

我們每一個健康生活的人都希望自己能夠走向成功，都想在成功中領略一道人生的美景，而成功又不是輕易予人的。而只有那些隨身帶上勤奮習慣的人，才能用自己勤勞的雙手獲得幸福與快樂。

世上無難事，只怕工作狂

任何一個雙手插在口袋裡的人，都爬不上成功的梯子。只有那些熱愛自己事業，對自己所追求的目標全身心地投入的人，才會獲得人生的成功。

創造了經濟高速成長奇蹟的日本人有這樣一句名言：世上無難事，只怕工作狂。具體闡明了敬業和成功之間的關係。

敬業，往往意味著對事業的全身心的投入，意味著承受常人所不能承受的苦痛，意味著長時間的艱苦勞動，意味著可以接受前進中任何障礙的挑戰。敬業，還必須全身心地投入到事業中去，只有那些熱愛自己事業，對自己所追求的目標全身心地進行投入的人，才會獲得人生的成功。

著名的女指揮家張培豫就是這樣一位全身投入於音樂之中的成功者。然而，也正是敬業的精神的習慣才造就了她本身。

張培豫是一位世界馳名的著名指揮家。在西方樂壇上，指揮這一行業是男士的世襲領地。張培豫卻靠著超凡的實力打入歐洲樂壇，並出任德國卡塞爾歌劇院的首席指揮。

世界著名指揮家祖賓．梅塔（Zubin Mehta）稱張培豫為「與生俱來的指揮家」。他說：「我認為她在音樂上有無限量的才華和能力，並有足夠的音樂經驗足以領導一個高水準的樂團。」指揮家小澤征爾、洛林．馬捷爾（Lorin Maazel）也極其稱讚她很有才華。

張培豫極其敬業，她的敬業精神是出了名的，她曾創下一個月內指揮三場高水準的音樂會的記錄，也曾在不到半年內指揮過八場演出。

《人民音樂》雜誌的一篇文章形容她：像一架上滿發條的鐘，在不停地轉著、走著。

張培豫對樂隊要求以嚴格而聞名，但她最苛刻的還是自己。她有一種為了藝術可以不顧一切的精神。

青年時代的張培豫因率團三次奪取臺灣中部小學合唱比賽冠軍而小有名氣。一次演出前，她摔傷了，醫生囑咐她必須靜養，她卻堅持打著石膏參加了排練和演出。一位觀看演出的臺灣教育獎學金評委目睹此景，深為感動，極力為她申請赴奧地利留學的獎學金，使她實現了到音樂之國求學的夙願。

張培豫的敬業精神，不僅為她贏得了走向音樂事業的重要機遇，也是她事業取得成功的根本。

在北京指揮貝多芬專場音樂會之前，她突然生病了，大家都擔心她是否會推遲演出，熟悉她性格的大提琴家司徒志文卻說：「只要不倒下，她會不顧一切地堅持演出。」

果真，她最後如期而至，並且執棒的曲目還是力度最大的貝多芬第五交響曲〈命運交響曲〉。

一個月後，在指揮另一場演出時，上臺前她一直頭疼，吃了幾片止痛藥，她就又出現在指揮臺上。她說：「本來我可以節省點力氣，但我對音樂一向是全力以赴。」

張培豫曾對記者說過這樣一段話：

「音樂與我的心結合在一起，它是從我的心裡流出來的，是我的肺腑之言。……當我把音樂作好，我就得到了最大的滿足，這是我生活的目標，也是我從事指揮的意義所在。」

「我熱愛音樂，太熱愛了！沒有任何其他的事情可以超越它，也沒有任何其他的事情能夠讓我如此投入。哪怕我走得再艱辛，我也不會放棄。」

這一番肺腑之言的確能引起我們的沉思。

張培豫的敬業習慣使她從一個普通的鄉村女教師登上了德國卡塞爾歌劇院首席指揮家的寶座。其中對音樂的忘我精神，和音樂融為一體，並為了音樂可以犧牲自我的精神，有著重要的作用。音樂是她的全部，她的一生就是一場接著一場的精彩的音樂會。在張培豫的人生當中，成功的本質便是敬業習慣。

為自己「投資」，幫自己「充電」

無論你學了多少知識，它都會累積在你的腦中。成為你自己的東西，永遠不會消失！將知識轉化為前進的動力，你的遠大目標就會近在咫尺，你離成功就會只有一步之遙。

要想達到令人滿意的學習效果，必須具備扎實的基礎。基礎不是一天就可以打好的，它需要一個艱辛的累積過程。「不積跬步，無以至千里；不積小流無以成江河。」等到「積土成山，積水成淵」之時，也就是你學有所成之時。

瓦爾特．司各脫爵士有一句名言：「每個人所受教育的精華部分，就是他自己教給自己的東西。」已故的爵士本傑明．布隆迪先生時常愉快地回憶起這句話來。他過去常常慶倖自己曾經進行過系統的自學，這一名言同樣適用於每一個在文、理科或藝術領域內的成就卓著者。學校裡獲取的教育其價值主要在於訓練思維並使其適應以後的學習和應用。一般說來，別人傳授給我們的知識遠不如透過自己勤奮學習所得的知識深刻久遠。自己掌握的知識將成為一筆完全屬於自己的財富。

在資訊社會，知識是要經常更新的，這十分重要。有的人掌握的知識的確很豐富，但也未免在自鳴得意的同時遇到不可救藥的麻煩。我們必須知道，追求知識永遠沒有止境，只有我們不斷堅持努力學習，不斷更新知識，才能適應和跟上社會的發展。

根據個人的發展方向。適時地選擇需要學習的知識範圍，制定切實可行的學習計畫，積極地進行自主學習，並把學到的東西應用於實踐，透過實踐來檢驗學習效果。在不斷的學習與檢驗中，完善自我，走向出色。學習，應該成為每天必須完成的任務，做到「活到老，學到老」。

如果你是一個精明的人，你就應該學會用時間為自己「投資」，為自己「充電」，不斷提高自身能力，以培養自己適應未來社會的能力。

上學是幸福的，我們在學校的時候，不用擔心生存的艱難，不用考慮下一步如何找到自己的落腳點，總而言之，求學時期是最輕鬆的時光，也是「充電」的最佳時機，但是又想早一點離開學校，獲得自由，而且自己還能賺錢花，因而上學時對「充電」還是沒有概念的。

在離開校園生活好多年之後，你或許有時還在惦念那段「充電」的日子，但時光是不能倒流的。最現實的做法是不妨研究研究自己腳下的路該如何走。當然，要走好「路」，先要思考思考離開學校以後，如何進一步給自己「充電」。

「自主學習」是從學校裡出來後，為進一步加強自身實力，而隨著時代的步伐掌握原來在課堂上沒有學到的新知識、新內容。學習，是每天的任務，正所謂「活到老，學到老」。一旦一鬆懈，別人很快就會超過你，而你要「攆」不僅很辛苦，而且因為人家也在不斷進步，以致你想趕超也幾乎不可能。一個善於堅持不懈學習的人，即使底子較差，前途也一定是光明的。對於國家來說也如此，一個善於學習的國家，一定是有希望的國家，當然，國家的希望也在於國民能不斷透過學習提高素養。

常聽人抱怨：「春天不是讀書天，夏日炎炎最好眠，等到秋來冬又至，不如等待到來年。」其實，這只是懶人的藉口。不論你有多忙，一天中抽出點時間來學習，有百利而無一害。愛因斯坦說過：「人的差異在於業餘時間。」

究竟學什麼呢？自主學習，就是自己給自己安排「課程」

和「課本」。這裡的「課本」並不是指現成的書籍，而是完全結合自身實際來設計學習計畫。一方面要把你自己將來要從事的工作和目標作為選擇「課程」的依據，從而確定「專業課程」。如果你將來想做企業老闆，就要把經營管理和財務作為主要課程；如果你將來想成為專業技術主管，不僅要學習與專業有關的知識，還要學習人力資源管理方面的內容等等；另一方面就是要把鍛鍊自己做人的品格，以及社會適應和競爭能力，當作學習的目標，因為，這是「公共課」，而且是最關鍵的。

而我們的課堂在哪裡？「課堂」就是社會，具體而言就是我們所處的環境。而你接觸的每一個人，無論是同事、下級還是長官，都是你的老師。諾貝爾物理學獎獲得者楊振寧，一次在圖書館看書時，很快就進入了狀態，忘記了身邊的一切，包括時間。不知道過了多久，圖書館鈴聲響了好幾遍，管理員催促大家離館。可是楊振寧專注於自己研究的資料，完全沒有意識到時間的流逝。就這樣，他在圖書館裡過了一夜。楊振寧非常珍惜時間，在他的時間表裡，沒有節假日的安排。長期的磨練，使他可以抓緊分分秒秒進行思考和演算。

中國古時候就有「頭懸梁」、「錐刺骨」的傳說，那是古代人激發大腦潛能的辦法。現代人很少有人能下如此大的決心來激勵自己。但是科學的使用大腦就可以使你的大腦發揮出超常的潛能。

第一，要確立遠大的目標，有目標才會產生動力。

第二，要與你的惰性作鬥爭，不能讓智慧總是沉睡。

第三，發揚吃苦精神，刺激潛能發揮。

第四，要與更高更強的目標比較，常言說：不比不知道，一比嚇一跳。這一嚇就會刺激你的潛能爆發出來。

你要知道，人腦的潛力是無限的，我們一般人只使用了人腦的極少的能量，還有極大的一部分有待於我們去開發，去合理地利用。

如果我們能利用人腦的百分之十，就可以使我們的生活徹底來一個根本性的改變。我們就可以實現我們的所有夢想。

知道你的大腦還有很大的開發天地，你就不會對自己失望，你就還有機會去實現你的夢想，只要你努力，你就會如願以償。在這個「知識經濟」時代，我們必須注重自己的學習能力，必須能夠勤於學習，善於學習，並且終身學習。才能在競爭激烈的社會中立於不敗之地。

成事在勤，謀事忌惰

古訓曰：勤者可成事，惰者可敗事。一個人要想成就一番事業，一定要守住「勤」字，忌掉「懶」字。

一項事業，人是最根本的因素。你用什麼樣的態度來付出，就會有相應的成就回報你。如果以勤付出，回報你的，也必將是豐厚的。所以，某種意義上講「成事在勤」實不為過。

南宋的思想家和教育家朱熹，是個從小就立志當孔子的人。在他讀書時，一天上午，老師有事外出，沒有上課，學徒們高興極了，紛紛跑到院子裡的沙堆上遊戲、打鬧。不大的天井裡，歡聲笑語，沸沸揚揚。這時候，老師從外面回來了。他站在門口，望著這群天真活潑的孩子們「造反」的情景，搖搖頭。猛然，他發現只有朱熹一個人沒有參加孩子們的打鬧，他正坐在沙堆旁，用手指聚精會神地畫著什麼。先生慢慢地走到朱熹身邊，發現他正畫著易經的八卦圖呢！從此，先生更對他另眼相看了。

朱熹這樣好學，很快成為博學的人。十歲的時候，他已經能夠讀懂《大學》、《中庸》、《論語》、《孟子》等儒家典籍了。孟子曾說：「人人都可以成為堯舜那樣的人。」當朱熹讀到這句話時，高興地跳了起來。他滿懷雄心地說：「是呀！聖人有什麼神祕呢？只要努力，人人都能夠成為聖人啊！」

高高在上的聖人其實並非可望不可及。治學之路就如同登山，唯有攀登不輟，才能一步步靠近峰頂。「一覽群山小」的聖人們的成功其實亦是由勤奮的習慣得來的。

《史記，孔子世家》記載：「孔子晚而喜《易》，序《彖》、《系》、《象》、《說卦》、《文言》，讀《易》韋編三絕。曰：『假我數年，若是，我於《易》則彬彬矣。』」

孔子讀《易經》竟然能把編聯簡冊的牛皮翻斷三次，可見其勤奮。不管你是一個凡人，還是一個聖人，勤奮的習慣在你走向成功的努力過程中，始終不可缺少。

踏踏實實做人，實實在在辦事。任何一個雙手插在口袋裡的人，都爬不上成功的梯子。給人留下一個實在的形象，給自己的成功增添扎實的基礎，從實際出發，對自己負責。

愛因斯坦小的時候，有一次上美勞課，老師要求每個人做一件小工藝品。課堂上，老師讓學生們把他們的作品拿出來，一件一件地檢查。當老師走到愛因斯坦面前時，他停住了，他拿起愛因斯坦製作的小板凳（那可不是一件成功的作品）問愛因斯坦：「世上難道還有比這更壞的小板凳嗎？」愛因斯坦以響亮的回答告訴老師說：「有！」

然後，他又從自己的小桌裡拿出了一張板凳，對老師說：「這是我做的第一個！」

一個並不手巧的人最後仍然可以成為一個偉大的科學家。不巧的手因勤奮而顯得舉足輕重。

自身的缺點並不可怕，可怕的是缺少勤奮的習慣。自身之拙，可能會成為我們成功路上的障礙。但偉人、名人就是在克服障礙後得到桂冠的。即使是太行、王屋二山那麼大的障礙也會被我們用愚公移山的精神，用勤奮一點點的挖掉，如果我們始終不放棄理想的話。勤奮面前，再艱巨的任務都可以完成，再堅定的山也都會被「移走」；凡事只有塌實勤勞，才能獲得真正的成功。

成就一番事業的人，一定要守住「勤」字，忌掉「懶」字，懶惰是人的本性之一；稍不留神就會流露出來。所以想成就一番事業要時刻提醒自己：「成事在勤，謀事忌惰」。

天下沒有免費的午餐

每個人都期望幸福，對於成功者而言，最大的幸福就是勞有所獲。

天下沒有免費的午餐。個人奮發向上的辛勤勞動是取得傑出成就所必須付出的代價；任何傑出成就都必然與好逸惡勞的懶惰品行無緣。正是辛勤的雙手和大腦才使得人們富裕起來。沒有辛勤的汗水，就不會有成功的喜悅與幸福。

「真正的幸福絕不會光顧那些精神麻木、四體不勤的人們，幸福只在辛勤的勞動和晶瑩的汗水中。」懶惰，只有懶惰才會使人們精神沮喪、萬念俱灰；勞動，也只有勞動才能創造生活，給人們帶來幸福和歡樂。任何人只要勞動，就必然要耗費體力和精力，勞動也可能會使人們精疲力竭，但它絕對不會像懶惰一樣使人精神空虛、精神沮喪、萬念俱灰。因此，一位智者認為勞動是治療人們身心病症的最好藥物。「沒有什麼比無所事事、空虛無聊更為有害的了。」「一個人的身心就像磨盤一樣，如果把麥子放進去，它會把麥子磨成麵粉，如果你不把麥子放進去，磨盤雖然也在照常運轉，卻不可能磨出麵粉來。」只有汗水的結晶，只有辛勤的勞動才會創造出未來。

有些懶惰的人總想做點輕鬆的、簡單的事情，但大自然是公平的，這些「輕鬆的」、「簡單的」事情對於懶惰者而言也會變得很困難、很艱難。那些一心只想逃避責任的懦夫也遲早會受到應得的懲罰，因為這種人總是對高尚的、有利於大眾的事情不感興趣，於是他的私欲、各種卑劣、庸俗的念頭就會在他的頭腦中膨脹起來，這種人的心思本來可以用在有益的、健康的事業上，結果卻由於私心雜念過於膨脹，自己的心智腦力被各種各樣瑣屑、卑鄙、甚至是幻想出來的煩惱和痛苦白白地耗費了，許多無所用心的人的腦力也是這樣白白地浪費了。

青年人要對自己負責，將來的生活才會有充滿快樂、幸福，才是成功的，而獲得快樂與幸福的方法之一就是勞動。經常從事一些適宜的勞動，對每個人來說都是有益無害的。一旦離開這種經常性的、有益於身心的勞動，人們就會百無聊賴、無精打采，就會無所事事，精神萎靡不振，進而會頭昏眼花，神經系統也會紊亂不堪，久而久之，身體當然會莫名其妙地垮下來，精神也會一蹶不振。千萬不要陷入這種狀態之中。戰勝無聊和苦悶的最好辦法就是勤奮地工作，滿懷信心地勞動。一個人一旦參加了勞動，快樂自然就會來到你身邊，無聊和單調的感覺就會逃之夭夭。工作，勤奮地工作；勞動，愉快地勞動，總是去做有益的事情。

沈從文曾經長時間從事辛苦的文學創作工作。他自己在回憶這段時光時說，這種辛勤工作使我養成了勤奮、專注、有規律生活等良好習性，這些良好習性使我終身受益無盡。

那些勤勞的人們總是很快就會投入到新的生活方式中去，並用自己勤勞的雙手尋找、挖掘出生活中的幸福與快樂。青年人要享受成功的幸福，首先得要有勤勞的習慣來付出你的辛勞汗水，只有這樣，你才會收穫耕耘的快樂。

戰勝懶惰，做個勤奮的人

「勤奮出貴族」這句話是一句亙古的箴言。無論是過去還是現在，無論是在西方還是東方，那些享有地位、尊嚴、榮耀和財富的貴族，都有一顆永不停息的心，都有一雙堅強有力的臂膀；在他們身上都凸顯出了令人尊敬的勤奮創業與敢為天下先的精神，都閃耀著非凡毅力與頑強意志的光芒。而正是這樣的特質使他們獲取了財富，讓他們成就了事業，贏得了尊崇，成為了頂天立地的人物。

在這個無限變幻的世界中，沒有永遠的貴族，也沒有永遠的窮人。如同萬事萬物都處在永恆的運動、變化之中一樣，尊者卑、卑者尊，這種盛衰起伏變幻如同滄海桑田，生生不息。出身卑賤和家境貧寒的人，透過自己的勤奮工作、執著的追求和智慧，同樣能夠功成名就、出人頭地，成為一代新貴族。

人的本性之一是趨樂避苦，惰性也就如同影子一樣時常左右糾纏，企圖桎梏人的心靈。但正如歌德所說：「我們的本性趨向於懶怠。但只要我們的心向著活動，並時常激勵它，就能在這活動中感受真正的喜悅。」

偉大的科學家愛因斯坦說過：「在天才和勤奮兩者之間，我毫不遲疑地選擇勤奮，勤奮幾乎是世界上一切成就的催產婆。」

一個愛講廢話而不勤奮學習的青年，整天纏著大科學家愛因斯坦，要他公開成功的祕訣。愛因斯坦被纏得沒辦法了，就給他寫了一個公式：A ＝ X+Y+Z。然後告訴他：「A 代表成功，X 代表勤奮，Y 代表正確的方法，Z 代表少說廢話。」這個公式包含著真理，它表明：一個人要想獲得成功，不僅要求人們在學習時要有正確的方法，又要求人們少說廢話，更重要的是勤奮。

「懶惰」是人生中最可怕的敵人，許多本來可以做到的事，都因為一次又一次的懶惰、拖延而錯過了成功的機會。「懶惰」又是個很有誘惑力的怪物，人一生隨時都會與它相遇。比如，早上躺在床上不想起來，起床後什麼也不想做，能拖到明天的事今天不做，能推給別人的事自己不做，不懂的事自己懶得懂，不會做的事自己不想做……

要靠自己的努力獲取尊貴和榮譽，只有這樣的尊貴和榮譽才能長久。但不幸的是，在我們今天這個社會，很多生活富足的人都缺乏進取精神，躺在父母給他們創造的物質財富中好逸惡勞，揮霍無度，以致許多人雖在富裕的環境中長大，卻最終不免要在貧困中死去。

所以，要想在與人生風浪的搏擊中完善自己，成就自己，享受成功的喜悅，贏得社會的尊敬，高歌人生，你就必須戰勝懶惰。要戰勝懶惰，可以按照以下方法去執行：

· **承認自己有愛拖延的習性，並不願意克服它**：這是處理一切問題的前提。只有正視它，才能解決問題。不承認自己懶惰，就不可能改正自身的弱點。

- **是不是因恐懼而不敢動手，這是愛拖延的一大原因**：如果是這一原因，克服的方法是強迫自己做，假想這件事非做不可，並沒什麼可恐懼的，並不像你想像得那麼難，這樣你終會驚訝事情竟然做好了。
- **是不是因為健康不佳而懶惰**：其實，懶惰並不是健康的問題，而是一種生活態度的問題，有些人，儘管疾病纏身，還照樣勤奮努力不已。如果，身體真的有病，這種時候常愛拖延，要留意你的身體狀況，及時去治療，更不應該拖延。
- **嚴格要求自己，磨練你的意志力**：意志薄弱的人常愛拖延。磨練意志力不妨從簡單的事情做起，每天堅持做一種簡單的事情，例如寫日記，只要天天堅持，慢慢的就會養成勤勞的習慣。
- **在整潔的環境裡工作不易分心，也不易拖延**：把自己生活的環境整理好，使人身居其中感覺舒適，就會熱愛自己的生活，產生勤奮的動力。另外，備齊必要的工具也可加快工作進度，也可以避免拖延的藉口。
- **做好計畫**：對自己的每天的生活工作，作出合理的安排，制定切實可行的計畫，要求自己嚴格按計畫行事，直到完成為止。
- **公開你的計畫**：在適當的場合，比如，在家庭裡，或者在朋友面前，把你的計畫向大家宣布，這樣你就會自己約束自己，不敢拖延。

為了你的面子，你不得不按時做完。

· **嚴防掉進藉口的陷阱**：我們常常拖延著去做某些事情，總是為自己的懶惰找理由，找藉口。例如「時間還很充足」、「現在動手為時尚早」、「現在做已經太遲了」、「準備工作還沒做好」、「這件事太早做完了，又會給我別的事」 等等，不一而足。

· **抱只做十分鐘的打算**：開始克服懶惰，不可能堅持很長時間，你可以給自己說：「只做一下子，就 10 分鐘。」10 分鐘以後，很可能你興奮起來而不想罷手了。

· **不給自己分心的機會**:我們的注意力常常受外界的干擾，不能夠投入工作，成為我們拖延偷懶的藉口。把雜誌收起來，關掉電視，關上門，拉上窗簾等等。這樣，就可以使自己的注意力集中，克服拖延的毛病，投入工作。

· **留在現場**：有些事情在開始做時，總會不順利，這就成為拖延偷懶的藉口，我們會說放一放再說，轉身就走，這樣就無法克服懶惰的習慣。

強迫自己留在事情的現場不能走。

過一下子，你可能就找到了解決問題的辦法，你可能就不再拖延，你就會做下去。

· **避免做了一半就停下來**：這樣很容易使人對事情產生棘手感、厭煩感。應該做到告一段落再停下來，會給你帶來一定的成就感，促使你對事情感興趣。

· **先動手再說**：三思而後行，往往成了拖延的藉口。

有些事情應該當機立斷，說做就做，你就不會偷懶，即使遇到問題，你也可以邊做邊想，最終就會有結果。

想想事情做完後將得到的回報，那是多麼愉快啊！

克服懶惰的辦法就是讓結果對他有一定的誘惑力。

我們從小教孩子：

去洗洗碗，做完了有獎勵。

去洗衣服，洗完了可以看電視。

其實，我們自己要克服懶惰，也可以給自己設定一個勤勞的報酬，來激勵自己。

偷懶之後，我們就會覺得時間不夠用了，我們就會痛悔虛度一生。只有戰勝懶惰，我們才能做時間的主人，從容不迫、豐富而多彩地度過一生。

知識的海洋是浩瀚無邊的

一切東西都可以滿足，金錢，住房，汽車，享樂……只有讀書和學習不可以滿足。學習應該是一個不斷進取，孜孜不倦的過程。初學之時，只得毛皮，總覺得簡單易行。待更深一步，探得精髓，才知道博大精深。亞里斯多德曾說過：「我所知道的就是我什麼也不知道。」學習猶如駕著一葉輕舟在知識的海洋中漂浮，你看不到停靠的邊，但可以欣賞海天的一色美景。

徐特立說：「任何一種容器都裝得滿，唯有知識的容器大無邊。」

一位禪師讓徒弟裝來一壇石子，徒弟裝了一壇石子回來，禪師問徒弟：「裝滿了嗎？」徒弟說：「裝滿了。」禪師拿些細沙順石縫倒滿後又問徒弟：「這回滿了嗎？」徒弟說：「這回真滿了」，禪師又取些水倒進去很多，滿了後問徒弟：「現在滿了嗎？」徒弟說：「真的滿了。」禪師又將一些乾土放進去，吸水後又放進好多，禪師又問：「這次真的滿了嗎？」徒弟不敢回答了。禪師又說：「我還可以倒些水進去，它可能在今天真的滿了，可到後來幾天你再來看它就會空下去很多，因此我告訴你，它永遠都不會滿的。」

在這個知識爆炸的時代裡，你今天覺得很實用的學問在明天一覺醒來時可能就被淘汰，在日新月異的知識翻新過程裡，任何自滿情緒都是導致失敗的不良因素，必須戒除這個不良心態，營造一個永遠渴求新知識的積極學習心態，才是正確的態度。知識的海洋是浩瀚無邊的，切記不要自滿，默默地埋頭苦幹，才能攀登上高峰，一覽眾山小;只有不自滿，才能領略到「柳暗花明又一村」的喜悅心境。

這是美國東部一所大學期末考試的最後一天。在教學樓的臺階上，一群工程學高年級的學生擠做一團，正在討論幾分鐘後就要開始的考試，他們的臉上充滿了自信。這是他們參加畢業典禮和工作之前的最後一次測驗了，他們知道，這場即將到來的測驗將會很快結束，因為教授說過，他們可以帶他們想帶的任何書或筆記，要求只有一個，就是他們不能在測驗的時候交頭接耳。

他們興高采烈地衝進教室。教授把試卷分發下去，當學生們注意到只有五道評論類型的問題時，臉上的笑容更加擴大了。

三個小時過去了，教授開始收試卷。學生們看起來不再有自信了，他們的臉上是一種恐懼的表情。沒有一個人說話，教授手裡拿著試卷，面對著整個班級。

他俯視著眼前那一張張焦急的面孔，然後問道：「完成五道題目的有多少人？」

沒有一隻手舉起來。

「完成四道題的有多少？」

仍然沒有人舉手。

「三道題，兩道題？」

學生們開始有些不安，在座位上扭來扭去。

「那一道題呢？當然有人完成一道題的。」

但是整個教室仍然很沉默。教授放下試卷說：「這正是我期望得到的結果。」他說。「我只想要給你們留下一個深刻的印象，即使你們已經完成了四年的工程學習，關於這項科目仍然有很多的東西你們還不知道。這些你們不能回答的問題是與每天的普通生活實踐相連繫的。」然後，他微笑著補充道：「你們都會通過這個課程，但是記住 —— 即使你們觀在已是大學畢業生了，你們的教育仍然還只是剛剛開始。」

「虛心使人進步，驕傲使人落後」，知識是無窮無盡的，只有謙虛不自滿的人才能學到別人學不到的東西，才能走向別人到達不到的成功之路。而那些自以為是、驕傲自滿的人是永遠不會成功的。

有人說：「我已經有了夠花幾輩子的錢，我為何還要讀書學習？」當然，你可以不讀書了，但你今後的人生必定是庸人的人生，愚人的人生。宋人王安石說：「貧者因書而富，富者因書而貴。」這個「貴」，是指氣質的高貴，人品的高貴。你願意當一個沒有知識修養的土財主嗎？

成功者和失敗者在人生中最主要的差別就是：成功者始終都在用一種最積極的態度去學習，以最樂觀的態度去思考，用思考和學習的經驗去控制和支配自己的人生。而失敗者則相反，他們並不把過去的失敗作為一個學習的過程，而是消極地怨天尤人、不思進取。因此，不善於學習的人是不會成為成功者的。

有人常常抱怨，不成功都是上天不給機會，環境沒給造就良好的條件。很多人在這些理由下就不再去學習，而是得過且過、在滿足現狀中浪費著時光。可是，我們必須了解，你自己的人生道路怎樣走，自己有著決定權，如何掌握，那就看你在生活中的學習態度了。學習 —— 這個概念應該是廣義的，不是狹義地指在學校課堂照本宣科地學習，也不是辦培訓教育示範性的教條主義學習。

學習指的是什麼呢？又需要什麼條件才能達到學習的目

的呢？首先，學習機會是廣泛的，包括你在生活中的每一步都有可學的東西。要從生活中學到東西，就要具備一種謙虛的學習態度和良好的心理悟性。俗話說：「水滿則溢。」以一種空杯歸零的態度，你還能有什麼學悟不到的呢？孔子說：「三人行，必有我師。」如果你想學，在乞丐那裡都有值得你學的東西，不想學的話，即使在哲人面前，你也會有副不可一世的傲氣。因此，學習的過程，應是一種永不滿足的求學狀態

在這個世界上，誰都在為自己的成功奮鬥，都想站在成功的巔峰上風光一下。但很多的實例證明，成功的路只有一條，那就是學習，而這條路的確擠得很，而且成功者們認為，根本沒有成功者的捷徑，只有這條向遠方無極點伸延的路。從根本上說：只有走在前面的才是成功者。在這條路上，沒有以文化知識、實踐知識、修養氣質以及各種自我條件組合的能力和基本功的話，很容易在路窄的時候被人擠下去。在這條路上，人們都行跡匆匆，有很多人就是在稍一回首品味成就的時候被別人超越的。因此，有位成功人士的話很值得借鑑：「成功的路上，沒有止境，但永遠存在險境；沒有滿足，卻永遠存在不足；在成功路上立足的最基本的根本就是：學習、學習、再學習。」

在學習的過程中，我們首先該給自己制定一個學習目標，比如根據時間和其他條件，可以在多長時間自修完什麼課程，聽哪方面的課程輔導，每天給自己多長的看書時間。

要做好這些，重要的是要持之以恆。

靠勤奮走向輝煌

勤奮是一種可以吸引一切美好事物的天然磁石。在日常生活中，靠天才做到的事情，靠勤奮同樣能做到；靠天才做不到的事，靠勤奮也能做到。俗語說：「勤奮是金。」

現實生活告訴我們：天道酬勤，命運掌握在那些勤勤懇懇地工作的年輕人手中。班傑明．富蘭克林（Benjamin Franklin）在《窮理查年鑑》中說：「個人的奮發工作和勤勞實幹，是取得傑出成就的必然，與好逸惡勞的懶惰品行無緣。正是辛勤的雙手和大腦才使得人們富裕起來——在自我教養，在智慧的生長，在商業的興旺等方面。事實上，任何事業追求中的優秀成就都只能透過辛勤的實幹才能取得。」

在人才競爭日益激烈的職場中，唯有依靠勤奮的美德——認真對待自己的工作，在工作中不斷進取，才能成功。

在這個人才輩出的時代，年輕人要想使自己脫穎而出，就必須付出比以往任何時代更多的勤奮和努力，擁有積極進取，奮發向上的精神，否則你只能由平凡轉為平庸，最後變成一個毫無價值和沒有出路的人。

很多年輕人習慣於用薪水來衡量自己所做的工作是否值得。其實除了薪水之外，還有更重要的東西，值得你去追求的，那就是你的人生價值。勤奮的品格可以最大限度地發揮你的潛力，在工作中累積經驗，努力更新你的思維方式，生命就在你的進取中生生不息，人生就在你的進取中超越自我，創造卓越。

身為年輕人，如果只想著如何少乾點工作多玩一下子，那麼他遲早會被職場所淘汰。享受生活固然沒錯，但怎樣成為老闆眼中有價值的職業人士，才是最應該考慮的。一個有頭腦的、有智慧的年輕人是絕不會錯過任何一個可以讓他們的能力得以提高，讓他們的才華得以展現的工作。

勤奮是走向成功所必備的美德。歷史上湧現出許許多多傑出的人物，他們都是靠勤奮走向輝煌的。

在麥當勞剛剛進入澳洲餐飲市場時，其奠基人彼得．里奇在悉尼東部開設了一家麥當勞速食店。當時貝爾的家離這家麥當勞店很近，他每次上學放學都會經過那裡。貝爾的家很窮，上學的學費都是東湊西湊來的。看到許多同學都能買文具和日用品，他卻不能。1976 年，15 歲的貝爾在萬般無奈的情況下走進了這家麥當勞店，他想能夠透過在麥當勞打工賺點零用錢，幸運的是，他被錄用了，他的工作是掃廁所。

掃廁所是又髒又累的工作，沒有人願意做。但貝爾卻在店裡做得非常好，而且他是個眼裡充滿工作熱忱的孩子，很勤勞。他常常放學後就過來，先掃完廁所，接著就擦地板；地板擦乾淨後，他還會幫其他員工翻翻烘烤中的漢堡。一件接一件，他都細心做，認真學。

彼得．里奇看著這個勤奮的少年，心中非常喜歡。沒多久，里奇就說服貝爾簽署了麥當勞的員工培訓協議，對貝爾進行正規的職業培訓。培訓結束後，里奇又將貝爾放在店內各個崗位「全面摔打」。雖然貝爾只是個鐘點工，但因他的勤奮努力和出眾的悟性，經過幾年的鍛鍊後，他很快就掌握了麥當勞的生產、服務、管理等一系列工作。19 歲時，貝爾被提升為澳洲最年輕的麥當勞店面經理。這次提升為貝爾提供了更多施展才華的機會，透過他的勤奮努力，1980 年，他又被派駐歐洲，推動那裡的業務，並累積了很多經驗。此後，他先後擔任麥當勞澳洲公司總經理，亞太、中東和非洲地區總裁，歐洲地區總裁，以及麥當勞芝加哥總部負責人等。2003 年，貝爾被任命為麥當勞（全球）董事長兼執行官。

成功需要刻苦的工作。身為一名普通員工的年輕人，你要更相信，勤奮是檢驗成功的試金石。即使你才智一般，只要勤奮工作，主動做好自己手頭的工作，最終你將會成為一名成功者。

從英國飛往馬來西亞首都吉隆玻的漢斯，一下飛機就直接找到自己的上司哈恩要求參加工作。

「好啊！請你搬把椅子坐在我辦公室的角落裡，盡可能地不要引人注目，其他人在場的時候不要說話，不管是迎來還是送往，你都不要離開這裡。」哈恩道。

「我就做這個嗎？」漢斯問。

「對。而且最起碼要這樣做一個月。當然，你要把自己的真實感想、疑慮、發現的問題及它的根源等分析清楚並記錄下來。」哈恩鄭重其事地說道。

「可是，經理，我大老遠地從英國總部趕來，您讓我用一個月的時間就做這些嗎？」漢斯非常不解，「您要知道，我……」

「好了，既然你到了我這裡，就必須聽我的吩咐，而我也不想聽你說你以前是做什麼的，是多麼的糟糕或出色。你可能有你的想法，也許你的想法很對，但請你先把它們放下，從適應這裡的一切開始。」

漢斯雖然滿肚子的委屈，但人在職場身不由己。他只好從頭做起，每天靜靜地坐在辦公室的角落裡，看哈恩怎麼樣處理問題、迎接客戶和指揮下屬「開疆拓土」。腦子裡像個觀察員和評論員一樣記錄著他的得與失……

但是，隨著時間的推移，他學到了以前從未看到或想到的一些事情，尤其是哈恩如何化解各種矛盾、運籌帷幄地提高工作效率和加速本部門業績的技巧，不但讓他大開了眼界，更讓他學到了一些在書本上學習不到的知識。更重要的是，他從哈恩身上學習到了勤奮主動的工作習慣。

一個月結束時，哈恩問：「怎麼樣，還有些收穫吧？」

「謝謝您。這一個月的適應真讓我一生受用無窮啊！」漢斯無限感慨地答道。後來漢斯成了另外一家公司的總裁，雖然取得了令人稱羨的成績，但他還是一如既往地保持著從自己的上司哈恩身上學習到的勤奮的工作精神。

一個年輕人具有勤奮，才能在工作中取得主動，才能超越自己平凡的人生軌跡，獲得自己應得的榮譽。你也許會說，他們是偉人，我不想做偉人，我只想做一個平凡的人。其實這只是你在給自己找藉口。許多年輕人都像你一樣一直在為自己找理由，不去勤奮工作，俗話說得好：「一勤天下無難事。」只要你拋開那些消極的想法，勤奮工作，你在做人、做事方面都是可以非常優秀的。

天下都無難事了，更何況只是你公司裡的事、你的工作呢！即使你天資一般，只要勤奮工作，就能彌補自身的缺陷，終究成為一名成功者。只要勤奮，你就會成功，就會逐漸成為老闆器重的人。千萬不要等到失業了，被老闆淘汰了才想起要勤奮工作！

第 4 章
絕不拖延，今天的事情今天做

時間是非常公道的，對任何人都一視同仁，每人每天 24 小時，不會多，也不會少。可是，花費時間後的效果卻有很大差別。你想使成功成為你生活中的組成部分，你想使昨日的理想成為今日的現實，單靠願望和企求是不行的，必須行動才能讓你的理想實現。能否抓緊時間著手做事，是每一個人能否取得成功的重要因素之一。

拖延是一個壞習慣

在工作中，你是否有這樣的習慣呢：今天的工作拖到明天完成，現在該打的電話等到一兩個小時以後才打，這個月該完成的報表拖到下個月，這個季度該達到的進度要等到下一個季度 —— 凡事都留待明天處理，都在拖延。

令人遺憾的是，我們每個人在工作中都拖延過。拖延的表現形式多種多樣，輕重也有所不同。比如：瑣事纏身，無法將精力集中到工作上，只有被上司逼著才向前走；不願意自己主動開拓，反覆修改計畫，有著極端的完美主義傾向，該實施的行動被無休止的「完善」所拖延；雖然下定決心立即行動，但就是找不到行動的方向；做事情總是磨磨蹭蹭，有著一種病態的悠閒，以致問題久拖不決；情緒低落，對任何工作都沒有興趣，也沒有什麼人生的憧憬。

喜歡拖延的人往往意志薄弱，他們不敢面對現實，習慣於逃避困難，懼怕艱苦，缺乏約束自我的毅力；或者目標和想法太多，導致無從下手，缺乏應有的計劃性和條理性；或者沒有目標，甚至不知道應該確定什麼樣的目標；另外，認為條件不成熟，無法開始行動也是導致拖延的原因之一。

對每一個渴望擁有較強執行力的人來說，拖延是最致命的，是一種危險的惡習。一旦遇事開始推脫，就很容易再次拖延，直到變成一種根深蒂固的習慣，以至於很多工作根本沒法開展。

我們常常因為拖延時間而心生悔意，然而下一次又會慣性地拖延下去。幾次三番之後，我們會視這種惡習為平常之事，以致漠視了它對工作的危害。

傳說五臺山上有一種鳥，長著四隻腳和一對翅膀，人們叫牠「寒號鳥」。春天，百花盛開，寒號鳥身上長滿了羽毛。寒號鳥懶得動，也不去找食物，餓了吃樹葉，渴了喝露水。春、夏、秋就這麼過去了！

冬天來了，天氣冷極了，小鳥們都回到自己溫暖的巢裡。這時的寒號鳥，身上漂亮的羽毛都脫落了。夜間，它躲在石縫裡，凍得渾身直發抖，它不停地叫著：「好冷啊！好冷啊！等到天亮了就造個窩啊！」

等到天亮後，太陽出來了，溫暖的陽光一照，寒號鳥又忘記了夜晚的寒冷，於是它又不停地唱著：「得過且過！得過且過！太陽下面暖和！太陽下面暖和！」

寒號鳥就這樣一天天地混著，過一天是一天，一直沒能給自己造個更好的窩。最後，它沒能混過寒冷的冬天，凍死在岩石縫裡了。

現實生活中，有些人只顧眼前，得過且過。他們行動拖拖拉拉，做事情喜歡推諉，總是拖一天算一天，跟寒號鳥沒有多大區別。他們把一切行動拖延到明天、後天……這樣一直拖下去，結果最後可以想見。

拖延的壞習慣是高效執行的最大敵人，關鍵時刻的拖延甚至會帶來致命的後果，歷史多次以血的教訓證明了這一事實。

大家都知道，拖延並不能使問題消失，也不能使解決問題變得容易，而只會使問題惡化，給工作造成更嚴重的危害。我們沒解決的問題，會由小變大、由簡單變複雜，像滾雪球那樣越滾越大，解決起來也就越來越難。而且，沒有任何人會為我們承擔拖延的損失，所以，我們應該立即行動，不要被拖延縛住手腳。

生活就像一盤棋賽，坐在你旁邊的就是「時間」。只要你猶豫不決，你將被淘汰出局。像圍棋比賽中一樣，每一步都有時間限制的，超時了，你就自動出局吧！職場就是戰場，你不衝就是死路一條。

當拿破崙．希爾決定把他的軍隊移向某一個目標之後，他絕不允許任何事情來改變他的這項決定。如果他的行進路線碰到了一道鴻溝 —— 這是敵軍所挖掘的，目的是要阻止他的前進他仍會下令他的部隊向前衝鋒，直到溝中堆滿了死人和死馬，而讓他的軍隊能夠從死人堆上走過去為止。

拿破崙．希爾知道一旦在這個時候拖拉，就會死更多的人，就會輸掉這場戰爭。「絕不拖延」在他的心中是作戰的行動標準，這使他戰勝了一個又一個的敵人。同樣「絕不拖延」是沃爾瑪商店、通用汽車、德國電信、蘇黎世金融服務、英特爾等知名大公司嚴格執行的員工行為準則。

2003 年度美國哪家公司最賺錢？不是零售業巨頭沃爾瑪，也不是在 IT 行業裡的某個大型企業，而是傳統企業埃克森美孚石油公司。2003 年，公司利潤為 215 億美元，比

2002年成長91%，股東回報達到115億美元。在2004年4月5日《商業週刊》評出的50家標準普爾表現最佳公司中，埃克森美孚排名第二十三位，並在《財富》評出的全球500強中排名第二。

埃克森美孚石油公司躍升為全球利潤最高的公司，是因為它擁有一支絕不拖延的員工隊伍。這家公司的實踐告訴我們：員工克服拖延的毛病，培養一種簡便高效的工作風格，可以使公司的績效迅速提升，使每一位員工的工作乃至生命都更加富有價值。

可是我們每個人都或多或少地存在著一種不良習慣——拖延。對任何一個員工來講，拖延都是最具破壞性、最具危險性的惡習，因為它使你喪失了主動的進取心。而更為可怕的是，拖延的惡習具有累積性，那麼，我們如何擺脫這一惡習的呢？

下面是幾種克服拖延的實用小技巧，希望能夠對你有幫助。

(1) 分類找原因

是什麼原因使我們無法做某項工作？優柔寡斷？害羞？無聊？無知？散漫？恐懼？疲倦？無法忍受不愉快？缺乏必備的工具？一字一句具體指出拖延某事的原因，區分類別。如果正確地認清問題，則解決方法就會變得相當明確。如資訊不足，則可以開始尋找必需的資料。

(2) 大臘腸切片

工作似乎相當艱巨，則稍稍暫緩，拿出紙來做思考。記下完成工作的所需步驟，步驟的幅度越小越好，即使它們只需要花費一兩分鐘，也須分別記下。

這個艱巨的工作就像一條未被切割的大臘腸，龐大、皮厚、油膩，難以入口，但如果切為薄片，則相當引人垂涎。將艱巨的工作分開對待，即分成每個小小的即時工作單，就像可以馬上享用的臘腸片，而非整條臘腸。

(3) 引導式工作

假設想拖延寫信，不要試著去強迫自己，只要採取一小步驟，當作完此步驟，便可以決定是否要繼續下去。這步驟可能是看看信的位址，或將紙轉入打字機，或取下紙來，或寫下想提出的要點。任何事皆可，只要是明顯的身體行為。這是打破內心困頓的方式，其理論基於：事物靜止時依舊是靜止著，運動時依舊是運動著。

(4) 5 分鐘計畫

有些工作難以分割小塊，如想清理積壓如山的公文，大約需要一小時，實在很難將它簡單分割成「即時工作」。這時，可以試試 5 分鐘計畫，和自己做個約定，允許以 5 分鐘做這工作，時間一到，便可自由去做想做的事，或是繼續 5 分鐘。不管工作多麼令人厭煩，仍須常常去做 5 分鐘。5 分鐘後，若不想接著繼續乾，則不要乾，約定就是約定。在將工作撇開之前，記下另一個 5 分鐘的時間。

此外，記日記，和自己對話，讓信得過的親朋好友在固定時間督促檢查你的工作，這些方法可以克服拖延。

用 100%的熱情做 1%的事情

態度決定一切！一個人在工作中抱著什麼樣的態度，你工作的結果就會表現出來。「種豆得豆，種瓜得瓜」，熱情工作帶來的結果令人鼓舞，使你快樂生活；機械地毫無感情地工作總是讓你充滿煩惱的。

比爾蓋茲（Bill Gates）有句名言：「每天早上醒來，一想到所從事的工作和所開發的技術將會給人類的生活帶來巨大的影響和變化，我就會無比興奮和激動。」

比爾蓋茲的這句話闡釋了他對工作的熱情。在他看來，一個優秀的員工，最重要的本質是對工作的熱情，而不是能力、責任。

一個敬業的老闆的熱情是無人可比的，同樣，他們也都希望自己的員工對工作抱有積極、熱情、認真的態度。因為只有這樣的員工才是企業進步的根本。具有熱情的員工能夠感染別人的情緒，使事情向良好的方向發展。對於工作飽含熱情的人，永遠都是老闆最為欣賞的人。

事實證明，一個人能夠在工作中創造出怎樣的成績，關鍵不在於這個人的能力是否卓越，也不在於外界的環境是否優越，而在於他是否竭盡全力。一個人只要竭盡全力，即使他所從事的是簡單平凡的工作，即使他的能力並不突出，即使外界條件並不有利，他也可以在工作中創造出驕人的成績。

24 歲的海軍軍官吉米・卡特（Jimmy Carter），應召去見海曼・李高佛（Hyman Rickover）將軍。在談話中，將軍特別讓他挑選他願意談的題目。

當他好好發揮完之後，將軍就問他一些問題，結果總將他問得直冒冷汗。終於他明白了：自己自認為懂得很多的那些東西，其實懂得很少。

結束談話時，將軍問他在海軍學校學習成績怎樣。他立即自豪地說：「將軍，在 820 人的一個班中，我名列 59 名。」

將軍皺了皺眉頭，問：「你竭盡全力了嗎？」

「沒有。」他坦率地說，「我並不總是竭盡全力的。」

「為什麼不竭盡全力呢？」將軍大聲質問，瞪了他許久。

此話如當頭棒喝，給卡特以終生的影響。此後，他事事竭盡全力，後來成為美國總統。

為什麼你不是第一名？是不是因為你還沒有拿出全部的熱情全力以赴？李嘉誠曾經說過：「做生意不需要學歷，重要的是全力以赴。」傑克・威爾許（Jack Welch）也曾經說過：「成就事業實際上並不依靠過人的智慧，關鍵在於你能否全心投入、不怕辛苦。實際上，經營一家企業不是一項腦力工作，而是體力工作。」可見，在我們的工作中，學歷和能力並不一定是最重要的，如果你不全力以赴，就無法在職場中取得優異的成績。

熱情是點燃卓越的熊熊烈火。用 100%的熱情去做 1%的事情，那麼你一定可以在你的職業生涯中完美地起飛。

工作熱情是一種洋溢的情緒，是一種積極向上的態度，更是一種高尚珍貴的精神，是對工作的熱衷、執著和喜愛。它是一種動力，在你遇到逆境、失敗和挫折的時候，給你力量，指引著你去行動，去奮鬥，去邁向成功。憑藉熱情，我們可以把枯燥無味的工作變得生動有趣，使自己充滿活力，充滿對事業的狂熱追求；憑藉熱情，我們感染周圍的同事，獲得他們的理解和支援，擁有良好的人際關係；憑藉熱情，我們可以發掘出自身潛在的巨大能量，補充身體的潛力，發展一種堅強的個性；憑藉熱情，我們更可以獲得老闆的賞識、提拔和重用，贏得珍貴的成長和發展的機會。正如拿破崙．希爾所說：「要想獲得這個世界上的最大獎賞，你就必須擁有過去最偉大的開拓者所擁有的將夢想轉化為全部有價值的獻身熱情，以此來發展和銷售自己的才能。」

有一次，有三個人做一種遊戲，遊戲的要求是在紙片上把他們曾經見過的印象最好的朋友名字寫下來，並解釋為什麼選這個人。

結果寫好後，第一個人解釋說：「每次他走進房間，給人的感覺都是容光煥發，好像生活又煥然一新了一樣。他熱忱活潑，樂觀開朗，總是非常振奮人心。」

第二個人也說明了他的理由：「他不管什麼場合，做什麼事情，都是盡其所能、全力以赴。他的熱忱感動了每一個人。」

第三個人說：「他對一切事情都盡心盡力，所付出的熱忱無人能比。」

他們三個人都是英國幾家大刊物的通訊記者，他們見多識廣，足跡遍布世界的各個角落，結交了各種各樣的朋友。當三人都亮出紙片上的名字，他們驚異地發現原來三個人寫的是同一個名字 —— 澳洲墨爾本一位著名的律師，這位律師正是以熱忱而聞名於世。

在企業中，不論你有多大的才幹，有多少知識，如果缺乏熱情，那就等於是紙上談兵，一事無成。沒有人願意整天跟一個提不起精神的人打交道，沒有哪一個老闆願意去提升一個毫無熱情的員工。但是，如果一個人智慧一般，才能平庸，卻擁有滿腔熱忱、努力奮鬥，所謂「勤能補拙」，就一定能產生很好的業績。紐約中央鐵路公司前總經理佛瑞德瑞克．威廉生說過這樣的話：「我愈老愈認定熱情是成功的祕訣。成功的人和失敗的人在技術、能力和智慧上的差別通常並不大，但是如果兩個人各方面都差不多，具有熱情的人將更能得償所願。一個人能力不足，但卻具有熱情，通常必定會勝過能力高強但是欠缺熱情的人。」

事實上，工作熱情和工作能力並非處於同等位置，工作熱情是工作能力的前提和基礎，工作熱情可以促進工作能力的提高。有了工作熱情，才會豐富工作成果，才能證明工作能力。沒有工作熱情，整天混日子，那麼只會日漸消沉。

工作熱情不是憑空產生的。工作熱情不是課堂上老師教的，也不是書本上寫的，更不是父母天生給的。它是對事業、對工作的高度熱愛，對社會、對他人的一片赤誠，對業務、對知識的無限渴求，對人生、對未來的美好憧憬，是用真心點燃的愛的火花，是以愉悅的心情去創造、去奮鬥的動力。

工作熱情來自於你對工作的態度，當你無法在工作中找到熱情和動力時，請重新思考你所從事的工作的神聖與偉大。任何工作都有它自身的神聖與偉大。假如你做了多年的教師，很有可能對整天和小孩子、粉筆打交道而厭煩；假如你是醫生，很可能對患者的痛苦和患者家屬的愁容無動於衷。公事公辦式的職業道德在你眼裡可能是可笑的，你可能會想，老闆給我漲點薪水可能就會改變我的工作態度。其實，這時你缺少的不是薪水與職位，而是工作的熱情。

培養熱情還有一個不可忽視的要素，就是樹立對公司的歸宿感。「良禽擇木而棲」，「好」公司，才能留住「好」人才。人們在確立事業的目標時，都會捫心自問：「這是不是我最熱愛的崗位？我是否願意為這個公司全力投入？」一般而言，我們能夠對自己選擇的工作充滿熱情和想像力，對前進途中可能出現的各種艱難險阻無所畏懼。

當你全身心投入地工作，努力使自己的老闆和顧客滿意時，你獲得的利益會大大增加。你對工作的熱情感染著周圍的人，你的身邊形成一個磁場，你帶動一個團結合作的團隊，你的努力為成功奠定著基礎。

沒有任何藉口

那些喜歡發牢騷、鬧彆扭，生活在不幸中的年輕人都曾經有過夢想，卻始終無法實現自己的夢想，為什麼呢？因為他們有找藉口的毛病。

不知道那些喜歡尋找藉口的年輕人是怎麼養成這種習慣的，這些藉口又能給他們帶來什麼樣的好處呢？或許他們認為這樣說會給他們的心理帶來些許安慰，或許出於一種自我保護的本能，但不管怎樣，有一點是很清楚的，任何藉口都是不負責任的，它會給對方和自己帶來莫大的傷害。如果為了敷衍別人或為自己開脫而尋找藉口更是不誠實的行為。

真誠地對待自己和他人是明智和理智的行為，有些時候，為了尋找藉口費盡腦汁，不如對自己或他人說「我不知道」。

這是誠實的表現，也是對自己和別人負責任的表現。這在某些方面恰恰是自信的表現。一個人在失去自信的時候，很容易為自己找很多藉口，這其實是一種逃避行為。

老闆是深知這一點的，他們從不會為自己尋找任何藉口。身為員工，我們應該向老闆學習 —— 不找任何藉口，想盡辦法完成每一項工作。

在西點軍校一直奉行著一種行為準則 —— 執行命令，不要任何藉口。西點的學員不管什麼時候遇到學長或軍官問話，只能有四種回答：

「報告長官，是」

「報告長官，不是」

「報告長官，不要任何藉口」

「報告長官，我不知道」

除此之外，不能多說一個字。這條準則就是要求每一位學員想盡辦法去完成任何一項任務，而不是為沒有完成任務去尋找任何藉口，哪怕是看似合理的藉口。目的是為了讓學員學會適應壓力，培養他們不達目的誓不甘休的毅力。它讓每一個學員懂得：成功不需要任何藉口的，失敗也不需要任何藉口，你的人生也不是由任何藉口來決定。

如果年輕員工都能向老闆一樣，用「沒有任何藉口」來嚴格要求自己的話，那麼他就能出色地主動地完成任務，並能創造卓越。

「沒有任何藉口」讓每一位職業人士懂得：工作中是沒有任何藉口的，失敗是沒有任何藉口的，人生也沒有任何藉口。

默克是一個殘疾青年，腿不方便，在工廠裡當普通的作業員。在一般人來看，默克是根本不適合從事這種工作的，因為這個工廠是生產的重要單位，每一個員工應該非常迅速地掌握操作過程，熟練地把產品的插板焊接一個部件，然後按動按鈕送到下一個人操作。如果稍有怠慢，就會影響整個工廠的作業，生產程序路堵塞會造成很大的損失。剛開始萊思應接不暇，生產產品一個接一個在他的工位前停留下來，他急得滿頭大汗，由於他的行動不方便，拿焊接機的手有些不穩，甚至用不上力，無法把螺絲準確地上在產品的合適的位置上，長官對他發脾氣，同事對他不滿意，有的人還諷刺他說：「你本來就不適合這種工作，乾脆回到家休息去吧！」

默克是個不輕易服輸的青年，他決心用行動證明自己能做好這項工作，不但要做好，而且還要超越同事。雖然自己是身心障礙者，但他想自己沒有任何藉口向上司和同事要求特殊對待，頑強的鬥志促使他付出加倍的努力來證明自己的價值。

於是，他比任何人都用心工作，早晨廠房門還沒開，他就到門口等著，手裡拿著作業程序的操作說明書，下班後，他一人仍然在研究這條作業程序的原理。同事說：「你只顧自己分內工作就行了，還看其他作業是如何操作的，真是傻瓜！」但是默克不聽勸告，他知道只有勤奮的工作，每天多學習一些新東西，自己才會超越別人，千萬不要為自己找藉口。

在一年後的夏天，工廠由於產品的銷路不好，故宣布裁減人員並招聘新的廠長上任，重新調整廠內體制。大家一看廠門口的海報都愣住了，似乎有些驚訝。因為默克不但沒有被辭退，而且被提升為廠長，讓他分管廠內事務。

上述事例是當今職場中比較常見的現象。無論你是健全的還是身體有些缺陷的，對任何工作都要盡心盡力，並要沒有任何藉口地追求卓越，你才能成功，因為企業老闆不會因你的缺陷或能力有限而另眼看待，讓你少做事，多給薪水，只有你自己拯救自己，方能走向成功。

年輕人要多於實事，戰勝自我，千萬別找藉口。

其實，在每一個藉口的背後，都隱藏著豐富的潛臺詞，只是我們不好意思說出來，甚至我們根本就不願說出來。藉口讓我們暫時逃避了困難和責任，獲得了些許心理的慰藉。但是，藉口的代價卻無比高昂，它給我們帶來的危害一點也不比其他任何惡習少。

歸納起來，我們經常聽到的藉口主要有以下五種表現形式。

(1) 這不關我的事

許多藉口總是把「不」、「不是」、「投有」 與「我」 緊密連繫在一起，其潛臺詞就是「這事與我無關」，不願承擔責任，把本應自己承擔的責任推卸給別人。一個團隊中，是不應該有「我」 與「別人」:的區別的。一個沒有責任感的員工;不可能獲得同事的信任和支持，也不可能獲得上司的信賴和尊重。如果人人都尋找藉口，無形中會提高溝通成本，削弱團隊協調作戰的能力。

(2) 我很忙

找藉口的一個直接後果就是容易讓人養成拖延的壞習慣。如果細心觀察，我們很容易就會發現在每個公司裡都存在著這樣的員工：他們每天看起來忙忙碌碌，似乎盡職盡責了，但是，他們把本應一個小時完成的工作變得需要半天的時間甚至更長。因為工作對於他們而言，只是一個接一個的任務，他們尋找各種各樣的藉口，拖延逃避。「我很忙」成了他們的口頭禪。

(3) 我以前不是這樣的

尋找藉口的人都是因循守舊的人，他們缺乏一種創新精神和自動自發工作的能力和態度，因此，期許他們在工作中做出創造性的成績是徒勞的。藉口會讓他們躺在以前的經驗、規則和思維慣性上舒服地睡大覺。

(4) 這件事我不會

這其實是為自己的能力或經驗不足而造成的失誤尋找藉口，這樣做顯然是非常不明智的。藉口只能讓人逃避一時，卻不可能讓人如意一世。沒有誰天生就能力非凡，正確。的態度是正視現實，以一種積極的心態去努力學習、不斷進取。

(5) 他比我行

當人們為不思進取尋找藉口時，往往會這樣表白。藉口給人帶來的嚴重危害是讓人消極頹廢，如果養成了尋找藉口的習慣，當遇到困難和挫折時，不是積極地去想辦法克服，而是去找各種各樣的藉口。其潛臺詞就是「我不行」、「他比我行」，這種消極心態剝奪了個人成功的機會，最終讓人一事無成。

真正優秀的員工從不在工作中尋找任何藉口，他們總是會積極主動地去把每一項工作盡力做到超出客戶的預期，最大限度地滿足客戶提出的要求，而不是尋找各種藉口推諉；他們總是出色地完成上級安排的任務，替上級解決問題；他們總是盡全力配合約事的工作，對同事提出的幫助要求，從不找任何藉口逃避、推託。

讓我們改變對藉口的態度，把尋找藉口的時間和精力用到努力工作中來。因為工作中沒有藉口，人生中沒有藉口，失敗沒有藉口，成功更不屬於那些尋找藉口的人。

做完美執行的典範

完美地執行是不需要任何藉口的。擁有完美的執行力是每個優秀員工必須具備的能力。

每一個年輕人都想成為成功者，而且你的學歷也不比別人差，社會上確實許多機會能夠讓你成為成功者。但是，成功不是任何人都能做得好的。有一位成功人士曾說，資歷很好的人實在很多，但都缺乏一個非常重要的成功因素，這就是執行能力。

如何提高自己的執行力，不妨從現在開始，向優秀的員工學習，學習如何把你的命令執行下去，如何執行得更完美。

每一個工作—不論是經營事業、高級推銷工作或科學、軍事、政府機關工作，都要腳踏實地、懂得服從的人來執行。老闆在聘用重要職位的人才時，都會先考慮下面這些，然後才決定是否聘用。這些問題有：「他懂得服從嗎？」、「他會不會堅持到底把事情做完？」、「他能不能獨當一面，自己設法解決困難？」、「他是不是有始無終、光說不做的那一種人？」

這些問題都有一個共同的目的，就是設法了解那個人是不是「說做就做」。

再好的新構想也會有缺陷，即使是很普通的計畫，如果確實執行並且繼續發展，都比半途而廢的好計畫要好；因為前者會貫徹始終，後者則前功盡棄。

如果僅僅憑藉想像而不去做的話，根本就做不成任何事。想想看，世界上每一件東西，從人造衛星到摩天大樓以至嬰兒食品，哪個不是把想法付諸實施所得的結果？

當我們研究「人」（包括成功人士、平庸之輩）時，會發現他們分別屬於兩種類型。成功的人都很生動，我們叫他「積極主動的人」；那些庸庸碌碌的普通人都很被動，我們叫他「被動的人」。

仔細研究這兩種人的行為，可以找出一個普遍原理：積極主動的人都是不斷做事的人。他真的去做，直到完成為止。被動的人都是不做事的人，他會找藉口拖延，直到最後他證明這件事「不應該做」、「沒有能力去做」或「已經來不及了」為止。

我們一定要學會服從，學會向別人學習，學習他們那種執行精神，不斷去完善自己的執行能力。服從是執行力的表現，無論做什麼事情，都要記住自己的責任，無論在什麼樣的工作崗位上，都要對自己的工作負責。

不論是一支部隊，一個團隊，還是一名戰士或員工，要完成上級交給的任務就必須具有強有力的執行力。接受了任務就意味著做出了承諾，而完成不了自己的承諾是不應該找任何藉口的。這是一種很重要的思想，體現了一個人對自己的職責和使命的態度。思想影響態度，態度影響行動，一個絕對服從的員工，也肯定是一個執行力很強的員工。

在職場中，一名好的年輕員工在接到老闆的指令後，會努力將任務完成，而不會有任何懷疑。

在一次眾多企業總經理舉辦的管理沙龍上，主持人做了這麼一個測驗，要求參與人員在 20 分鐘內，將一份緊急資料送給《羊城晚報》社社長，並請他在回條上簽字。主持人特別申明：不得拆看信中資料。

在這次測驗中，有一名會員大膽地打開了資料袋，發現是個空信封，然後提出了若干批評意見。主持人問各位受邀嘉賓：「身為一名執行者，你認為他這樣做，對嗎？」

在場的總經理回答的內容雖然五花八門，但幾乎所有的人都回答：「打開信封是不對的，絕對不能看。」

在企業裡，老闆必須堅決的下達命令。一名執行人員可以在執行任務之前盡量了解事實的背景，但一旦接受任務後就必須堅決地執行。領導層的命令，有的可以與執行者溝通，講清理由；有的不行，有一定的機密性，有時就需要做而不需要知道。

對於執行，我們需要熱情，如果一接到任務就想著怎麼樣去完成它，而不去考慮這個任務的可行性，這就是很多老闆要找的員工。如果首先是充滿懷疑，不管懷疑大小，團體的目標都是無法實在實現目標的過程中，不管老闆決策對不對，執行首先是第一位。第二，要問清楚要你做事，可以提供的支援是什麼？第三是不管做成怎麼樣，必須把結果回饋回來。這點很重要，因為一個領導層，他的決策對不對，是經過實踐來檢驗的。所以不管完不完得成，你也得行動。

為了適應市場的發展，1999 年寶僑（P&G）把中國的銷售管道做了巨大的調整：取消銷售部，代之以客戶生意發展部（CBD），打破四個大區的運作組織結構，改為按照管道建立的銷售組織。寶僑提出了全新的分銷涵蓋服務的概念，全國的分銷商數目由原來的 300 多個減少到 100 多個。

然而，並不是所有的分銷商都接受管道新政，分銷商拒絕去異地開辦分公司，在當地的銷售也不那麼積極了，寶僑產品在很多市場局部地區出現空白，分銷商的鋪貨、陳列等工作也變得馬馬虎虎，寶僑的管道新政在執行時已經嚴重變形，無法將產品在規定區域內有效地分銷，有效地滲透到應該到達的受眾和終端。

分銷商對管道政策理解和執行的不到位、不配合，使管道運作偏離了原來設定的軌跡，寶僑當年應收帳款迅速上升，但死帳近億元；生意也迅速下降。

其實，這種管道政策變形的現象非常普遍，如總部制定的政策區域執行、中間商不配合廠家的政策、零售商不配合廠家的政策等，所引起的管道管理問題也比比皆是：總部與區域之間的矛盾，決策層與執行層之間的矛盾，管道管理人員與一線業務人員之間的矛盾。

甚至連中國最優秀的企業聯想集團，也經常面臨執行力的難題。聯想在 1999 年實施 ERP 改造時，業務部門不積極執行，使流程設計的優化根本無法深入。最後柳傳志不得不施以鐵腕手段，才讓 ERP 計畫得以執行到位。

戴爾曾把他的快速定製的直銷模式寫成書，廣為傳播，不少企業爭相模仿，但是沒有一家企業能夠超過戴爾集團，原因只有一個，他們缺乏對這一模式的執行力！

成功者之所以成功，不是因為他們有多少新奇的想法，而是因為他們自覺不自覺地進行著一項最有效的活動——執行。無論什麼工作，都需要這種懂得服從，擁有完美執行力的人。對我們而言，要想自己有所作為，就要記住自己的責任，無論在什麼樣的工作崗位上，都要對自己的工作負責。

不要用任何藉口來為自己開脫或搪塞，完美的執行是不需要任何藉口的。

堅持，絕不放棄

拿破崙．希爾說，在放棄所控制的地方，是不可能取得任何有價值的成就的。輕言放棄是意志的地牢，它跑進裡面躲藏起來，企圖在裡面隱居。放棄帶來迷信，而迷信是一把短劍，偽善者用它來刺殺靈魂。

奧運會百公尺短跑競賽，有的運動員在 99 公尺的時候放棄，從而與金牌失之交臂，這是他不了解成功有祕訣，不了解做事有學問。

一個開始蹣跚學步的嬰兒，最初他只知佝著頭，彎著手，弓著腿，深一腳淺一腳地亂踩，這樣，嬰兒身體就會失去重心，跌倒摔個大跟頭。此時，做父母的不能心疼孩子，應該讓他繼續嘗試走路，摔了幾次跟頭後，只要他是發育正常，是一個好寶寶，不放棄，他就能學會走路。

每個成功的人背後，都有無數次失敗與挫折。如果放棄，就不會取得現在的成就，如果堅持下來，就是柳暗花明。

不管做什麼事情，如果選對了行業，如果切實渴望成功，只要我們不放棄，就會到達成功的彼岸，幸福女神就會垂青於我們。

有的年輕人為了自己的夢想，可以堅持一年，兩年，甚至十年，二十年，有的則能夠堅持一輩子，至死不渝，在他眼裡，想要成功就不能放棄，放棄就一定不會成功。

日本豐田汽車公司是當今世界汽車工業三大巨頭之一，取得如此成就，一個重要的原因就是「堅持」。

1920 年代，豐田喜一郎選擇了汽車製造業。他到美國學習以後，回到日本名古屋試製，結果失敗了，但豐田喜一郎決定堅持下去。

當時落後的工業無法製造引擎，為了突破這一難關，他開始自行設計引擎，並製造出來。有了引擎，他開始製造汽車。從 1933 年開始到 1936 年，他造出了第一輛卡車和第一輛公共汽車，投放市場以後，因油耗高、噪音大、速度慢而反應不佳。

面對又一次的失敗，豐田喜一郎還是決定堅持下去。

日本對外侵略戰爭開始以後，軍隊需要大量軍用卡車，這為豐田喜一郎提供了機會，他開始生產軍用卡車。1938 年，美國年產 350 萬輛汽車，日本只能生產幾千輛。1945 年日本無條件投降，戰爭結束，豐田喜一郎只好停止生產軍用卡車，當時日本經濟不景氣，民用汽車很難賣出去，豐田瀕臨破產。

面對這一次挫折，豐田喜一郎仍然決定堅持下去。直到 1950 年，朝鮮戰爭爆發，美國向日本購買卡車，豐田喜一郎才迎來了又一次機遇。1960 年代，豐田開始試著進入美國市場，但剛一進入，就遭到慘敗：皇冠轎車馬力不足，根本無法在美國的高速公路上行駛。是否就此止步？是否就此放棄整個計畫？豐田的決定是——堅持。豐田說，即使只有公司名稱在美國登記也好，哪怕只賣出 50 輛或 100 輛也行。

這一堅持就是 7 年。豐田公司花了 7 年時間才推出第一輛在美國銷售成功的汽車。現在，豐田已經走過了 80 多年的歷程。在這漫長的歲月中，在任何一次需要堅持的時候，如果放棄了，世界汽車工業的三大巨頭就不會有豐田了。

正如俄國作家車爾尼雪夫斯基所說的：「只有毅力才能使我們成功……而毅力的來源又在於毫不動搖，堅決採取為獲得成功所需要的手段。」豐田公司成功的祕訣不外乎是堅持、堅持、再堅持。道理很簡單，但缺乏毅力的人卻做不到，而成功與否往往就由這一點決定。

盡職盡責，忠於職守

俄國作家列夫．托爾斯泰說：「如果你做某事，那就把它做好；如果不會或不願做它，那最好不要去做。」對於年輕人來說，從走入職場的那一天起，便已經選擇了接受，接受了一份工作，接受了一份責任。員工的義務便是盡職盡責，竭盡所能把工作做好。如果一名員工沒有這種意識，怠忽職守，敷衍了事，就會埋下禍患的種子。

身為一名年輕的員工，我們每個人都肩負著一定的職責，每一個人的職責連綴起來，就構成了集體的職責。任何一個崗位的疏忽和延誤，都不可輕視。

年輕人無論從事何種職業，都應該盡心盡責，盡自己最大的努力，求得不斷的進步。這不僅是工作的原則，也是人生的原則。

忠於職守是一個人價值和責任感的最佳體現。無論是在一個企業，還是在行政部門，不同崗位的人儘管擁有不同的崗位職責，但都是對工作勤勤懇懇，任勞任怨。

王明是一家工廠的倉庫保管員，平日裡也沒有什麼繁重的工作可做，不外乎就是按時關燈，關好門窗，注意防火防盜等，但王明卻是一個做事非常認真的人，他並沒有因職位的低微而放棄自己的職責，相反，他做得超乎常人地認真，他不僅每天做好來往的工作人員提貨日誌，將貨物有條不紊地碼放整齊，還從不間斷地對倉庫的各個角落進行打掃清理。他常掛在嘴邊的一句話就是「職位雖小，但責任重大」。憑著這份難得的責任心，三年過去，倉庫居然沒有發生一起失火失盜案件，其他工作人員每次提貨也都會在最短的時間裡找到所提的貨物。

年終，在全體員工大會上，鑑於王明在平凡崗位上所做出的不平凡業績，廠長按老員工的級別親自為他頒發了3,000 元獎金。這種做法使好多老職工不理解，王明才來廠裡三年，憑什麼能夠拿到這個老員工的獎項？他是不是廠長的什麼親戚？王明是不是有背景？一時間，人們議論紛紛。

廠長看出了存於大家心裡的疑問，也看出了他們不滿的神情，於是說道：「你們知道我這三年中檢查過幾次我們廠的倉庫嗎？一次都沒有！這不是說我工作沒做到，其實我一直很了解我們廠的倉庫保管情況。身為一名普通的倉庫保管員，王明能夠做到三年如一日地不出差錯，而且積極配合其他部門的人員的工作，對自己的崗位忠於職守，比起一些老職工來說，王明真正做到了愛廠如家，我覺得這個獎勵他當之無愧！」

從王明的工作經歷中，我們明白了這樣一個道理，成功隱藏在每天的日常工作中，換句話說，對工作負責，即便是企業中微不足道的工作，也要百分百地盡職盡責，這是人生的一種境界，當這種信念貫穿在一個人的整體意識當中，漸漸就會演變成為一種處世的態度，而這種持之以恆的力量所帶來的巨大成功，也許是你始料不及的。

只要你在自己的位置上真正領會到「認真負責」四個字的重要性，踏踏實實地完成自己的任務，不論職位高低，都能兢兢業業，那麼，你遲早會得到回報的。

一份英國報紙刊登一則招聘教師的廣告：「工作很輕鬆，但要全心全意，盡職盡責。」

事實上，不僅教師如此，所有的工作都應該全心全意、盡職盡責才能做好。而這正是敬業精神的基礎。

一個年輕人無論從事何種職業，都應該盡心盡責，盡自己的最大努力，求得不斷的進步。這不僅是工作的原則，也是人生的原則。如果沒有了職責和理想，生命就會變得毫無意義。無論你身居何處（即使在貧窮困苦的環境中），如果能全身心投入工作，最後就會獲得經濟自由。那些在人生中取得成就的人，一定在某一特定領域裡進行過堅持不懈的努力。

知道如何做好一件事，比對很多事情都懂一點皮毛要強得多。

在德克薩斯州一所學校作演講時，一位總統對學生們說：「比其他事情更重要的是，你們需要知道怎樣將一件事情做好；與其他有能力做這件事的人相比，如果你能做得更好，那麼，你就永遠不會失業。」

一位先哲說過：「如果有事情必須去做，便全身心投入去做吧！」另一位明哲則道：「不論你手邊有何工作，都要盡心盡力地去做！」

做事情無法善始善終的年輕人，其心靈上亦缺乏相同的特質。他不會培養自己的個性，意志無法堅定，無法達到自己追求的目標。一面貪圖玩樂，一面又想修道，自以為可以左右逢源的年輕人，不但享樂與修道兩頭落空，還會悔不當初。從某種意義而言，全心追名逐利比敷衍修道好。

總之，身為年輕的員工，要想在公司處於無可取代的地位，只有以最大的責任心和最認真的訓練有素的技能盡職盡責，為公司充分發揮自己的力量。

結果比過程更重要

在現代社會，以結果為導向和評價標準的思維已經成為一種共識。不論年輕人在過程中做得多麼出色，如果拿不出令人滿意的結果，那麼一切都是白費。就像兔子一開始的時候是跑得不錯的，可是後來就想休息。這樣一來，跑得實在極慢的烏龜就第一個到了終點，獲得了桂冠。

許多年輕人做事，通常會因為中途的插曲而忘記最原始的目的，就像那隻兔子一樣。要知道，沒有結果的付出只是在做白工。競爭殘酷無情，不論你曾經付出了多少心血，做了多少努力，只要你拿不出業績，那麼老闆和上司就會覺得他付給你薪水是在浪費金錢。

老闆看重的是結果。老闆雇用員工不是用來欣賞做事的過程，而是要他為自己創造利益的。你不管過程怎麼樣，沒結果是最糟的，你將被當作無用的人而遭淘汰。在工作過程中你只有不顧一切，不找任何藉口，有結果的信念，你才會取得優異的成就。不要半途而廢，不要草草了事，不要得過且過。做人、做事的時候要堅持到底，完成每一項你所做的事，那時你也是「西點軍校」的畢業生。

200 年來，西點軍校為美國培養出了 3 位總統，5 位五星上將，3,700 多名將軍。不僅如此，大批西點軍校的畢業生在工商企業界同樣取得了非凡的成就。美國商業年鑑指出：二次世界大戰以後，在世界 500 強企業裡面，西點軍校培養出來的董事長有 1,000 多名，副董事長有 2,000 多名，總經理、董事一級的有 5,000 多名。任何商學院都沒有培養出這麼多優秀的經營管理人才。

難道西點有上帝存在嗎？為什麼每個從西點畢業的人都能取得如此非凡的成就？

「沒有任何藉口」是美國西點軍校 200 年來奉行的最重要的行為準則，是西點傳授給每一位新生的第一個理念。它強化的是每一位學員想盡辦法去完成任何一項任務，而不是為沒有完成任務去尋找任何藉口，哪怕是看似合理的藉口。秉承這一理念，無數西點畢業生在人生的各個領域取得了非凡的成就。

他們都知道結果是最重要的，是硬道理！否則也就不會有今天的成就。不管你工作過程怎麼樣，老闆要的是結果。如果你的過程再美好，但是你的結果卻是失敗的，那麼你在老闆的心中也是失敗的。

職場中，經常能遇到這樣的情境：

行銷部經理說：「最近銷售不好，我們有一定責任。但主要原因是，對手推出的新產品比我們的好。」

研發經理「認真」總結道：「最近推出的新產品少是由於研發預算少。就這麼一點預算還被財務部門削減了。」

財務經理馬上接著解釋：「公司成本在上升，我們沒錢。」

這時，採購經理跳起來說：「採購成本上升了 10%，是由於一個生產鉻的礦山出事了，導致不銹鋼價格急速攀升。」

於是，大家異口同聲地說:「原來如此。」言外之意便是:大家都沒有責任。最後，人力資源經理終於發言:「這樣說來，我只好去考核礦山了?」

像上面這個單位員工如此推卸口責任，為錯誤尋找藉口，是平庸與懦弱的表現，也是對自己的工作敷衍塞責的態度。不管什麼理由，公司營運得不順利，每個部門就應該從自身的失誤找起。

而著名企業中，百事可樂就是這樣一個以「結果決定員工成就」的公司。百事可樂推崇一種深入持久的「執行力」文化，強調公司員工「主動執行」公司的任務，100%地去完成它。那些業績優秀的員工總是能得到公司的嘉獎，而那些業績不佳的員工則會被淘汰。這種以「結果論成敗」的企業文化使百事可樂塑造了一支有著堅強戰鬥力的員工隊伍，逐漸成為唯一可與可口可樂競爭的對手。

優秀的員工總是在接到任務時，從來不找藉口，只說「好，我馬上去做」或「放心，我一定盡全力去做」;在工作過程中遇到困難時，絕不灰心喪氣、半途而廢，而是堅持把事情做完做好。

美國作家阿爾伯特・哈伯德在《致加西亞的信》中講述了這樣兩個真實的故事:

> 美西戰爭爆發後，美國總統麥金萊急需和西班牙起義軍首領加西亞取得連繫。安德魯．羅文中尉接受了這個光榮而艱巨的任務。沒有人確切地知道加西亞在哪裡，也沒有任何郵件和電報能夠送到他的手裡，只知道他在古巴廣闊的山脈裡。羅文沒有問「誰是加西亞？」、「他在哪裡？」、「我怎麼才能找到他？」、「為什麼要我去？」諸如此類與「接受任務」沒有關係的多餘的一句廢話。他只是靜靜地接過信件，把自己所有精力和全部意志都放在怎樣完成任務上。不難看出，羅文身上集中體現了一種最為珍貴的本質：執著的敬業精神和對執行任務的忠貞不二。

沒有任何推託的藉口，只給上司最好的結果，這樣的員工才是每個企業都需要的。你不要幻想在工作的過程中老闆會向你表示太高的興趣。只有當你在完成了任務，有了結果的時候，你的老闆才會比平時更多的關注你。只有結果才能證明你的能力。不管你失敗多少次最終你成功了，你就是成功的。老闆當然也就會對你另眼相看，不但欣賞你的能力，更欣賞你的辦事效率。

西元 1861 年，當美國內戰開始時，林肯總統還沒有為聯邦軍隊找到一名合適的總指揮官。

林肯先後任用了 4 名總指揮官，而他們沒有一個人能「百分之百地執行總統的命令」—— 向敵人進攻，打敗他們。

最後，任務被格蘭特完成。

從一名西點軍校的畢業生，到一名總指揮官，格蘭特升遷的速度幾乎是直線的。在戰爭中，那些能圓滿完成任務的人最終會被發現、被任命、被委以重任，因為戰場是檢驗一個士兵、一個將軍到底能不能出色完成任務的最佳場所。

在格蘭特將軍擔任聯邦軍隊總指揮官期間，紐約方面派了一個牧師代表團到白宮求見林肯，要求撤換格蘭特。林肯耐心地聽他們講了一個小時。然後林肯說：「諸位還有話要說嗎？」代表們說：「沒有了。」於是林肯問道：「諸位先生，你們講得很好，我想請你們告訴我，格蘭特將軍喝的酒是什麼牌子的？」大家回答說：「不知道。」林肯說：「這太令人遺憾了。如果你們能告訴我是什麼牌子，我將派人購買 10 噸該牌子的酒，送給那些沒有打過勝仗的將軍們，好讓他們也像格蘭特一樣打幾場勝仗！」

為什麼林肯總統這麼器重格蘭特？

因為在當時的局勢下，聯邦軍隊大部分的將領一直在打敗仗，他們甚至差點被南方軍隊打到華盛頓。他們中間沒有一個人敢主動進攻，更沒有一個人能像格蘭特那樣：當他還是上校時，他就開始打勝仗；當他升為陸軍准將時，他還是在打勝仗；當他升為少將時，他仍然在打勝仗。他打勝仗越來越多，規模也越來越大。他總是能利用手中有限的軍隊、有限的武器，創造戰場上的最大勝利。

在後來格蘭特升為聯邦軍隊的總指揮後，他更創造了戰爭史上一個又一個的奇蹟。

格蘭特因為創造了無數影響後人的經典戰役，他本人也被稱為「戰場上的想像大師」。

林肯總統是格蘭特最有力的支持者。而格蘭特以他非凡的執行力贏得了林肯的信任。

林肯在後來的評價中也曾說道：「格蘭特將軍是我遇見的一個最善於完成任務的人。」

在戰場中，林肯總統需要能夠像格蘭特那樣將勝利而不是問題帶給自己的將軍。同樣的道理，在職場中，老闆也需要那些能夠克服困難、將結果而不是問題留給自己的員工。有無數的事例證明，既能和老闆同舟共濟，又具有很強業務能力、總是能圓滿完成老闆交代的工作的員工，才是老闆最欣賞的員工。

擁抱磨難，而不是設法逃避

在日常工作和生活中，有些年輕人總是抱著付出更少、得到較多的思想行事。如果他們能夠花點時間，仔細考慮一番，就會發現，工作和人生的因果法則是多勞多得、少勞少得，沒有不勞而獲的。因此，身為年輕人，無論在工作中，還是在整個人生之中，不逃避困難才是我們最好的選擇。

有時候，面對嚴峻的挑戰，有的年輕人退縮了，有的年輕人這樣安慰自己「退一步海闊天空」，其實這樣的思想是萬萬要不得的，因為這是懈怠的跡象和苗頭。我們應該有「欲窮千里目，更上一層樓」的雄心壯志，堅決與困難不妥協，從而克服一切困難，走向成功。

艾柯卡是美國汽車業無與倫比的經商天才。開始，他任職於福特汽車公司，由於他卓越的經營才能，使得自己的地位步步高升，直至坐到了福特公司的總裁。

然而，就在他的事業如日中天的時候，福特公司的老闆 —— 福特二世擔心自己的公司被艾柯卡控制，解除了艾柯卡的職務並開除了他。

艾柯卡在離開福特公司之後，有很多家世界著名企業的頭目都來拜訪艾柯卡，希望他能重新出山，但被艾柯卡婉言謝絕了。因為他心中有了一個目標，那就是：「從哪裡跌倒的，就要從哪裡爬起來！」

最終，他選擇了美國第三大汽車公司 —— 克萊斯勒公司。他要向福特二世和所有人證明自己的才能和福特二世的錯誤。

艾柯卡到克萊斯勒公司後，對面臨破產的克萊斯勒公司實行了大刀闊斧的改革，辭退了 32 個副總裁，關閉了幾個工廠，裁減和解僱的人員上千，從而節省了公司最大的一筆開支。整頓後的企業規模雖然小了，但卻更精幹了。另一方面，艾柯卡仍然是用自己那雙與生俱來的慧眼，充分洞察人們的消費心理，把有限的資金都花在刀刃上，根據市場需求，以最快的速度推出新型車，從而逐漸與福特、通用三分天下，創造了一個與「哥倫布發現新大陸」同樣震驚美國的神話。

在 1983 年的美國民意測驗中，艾柯卡被推選為「左右美國工業部門的第一號人物」。1984 年，由《華爾街日報》委託蓋洛普進行的「最令人尊敬的經理」的調查中，艾柯卡居於首位。同年，克萊斯勒公司贏利 24 億美元，美國經濟界普遍將該公司的經營好轉看成是美國經濟復甦的標誌。

有人曾經在這個時候呼籲艾柯卡競選美國總統。如果在福特公司的艾柯卡是福特的「國王」，那麼在克萊斯勒的艾柯卡無疑就是美國汽車業的「國王」。

艾柯卡之所以能創造這麼一個神話，完全是受惠於當年福特解職的逆境。正是因為這一磨難，才使艾柯卡的事業步入無限的輝煌。

從艾柯卡的經驗中，可見困難就像彈簧一樣，看你強不強，你強他就弱，你弱他就強。磨難有時也是一種成功的捷徑。人往往在快要淹死之際學會了游泳。許多人就是在危難之時發現自己的真實本事，發現自己懂得多少的。偉大船長（指哥倫布）能盛名遠揚，歷史上許多偉人能流芳百世，都應歸功於這些天賜良機。它以此妙法造就了許多偉人。

遇到任何困難，都不要灰心喪氣，相信「總有辦法解決」的確是一種重要的態度。當你相信「總有辦法解決」時，你的心智自動將消極的想法變為積極主動的想法。你如果認為困難無法解決，就真的會無法解決；你相信可以解決，也就真的找出答案來。因此，一定要拒絕「無能為力」的想法。努力向上攀登的人從不左顧右盼，更不會回頭看下面的深淵，他們只有聚精會神地觀察著眼前向上延伸的石壁，尋找下一個最牢固的支撐點，摸索通向巔峰的最佳路線。

傳說古希臘的一位國王想給自己製做一頂純金的皇冠。金匠把做好的皇冠獻給國王以後，國王把阿基米德召了進來，要他檢驗一下這頂皇冠是不是用純金製造的，但是不能損壞皇冠一絲一毫。這可是個天大的難題，阿基米德冥思苦想很長時間，仍然沒有找出解決這個問題的辦法。

一天，阿基米德在浴盆裡洗澡，當他身體浸入水中之後，突然感到自己的體重減輕了。這使阿基米德意識到水有浮力，而人受到浮力，是由於身體把水排開了。他高興極了，一下子從浴盆裡跳了起來，穿上衣服就跑出去手舞足蹈地高喊：「有辦法了！有辦法了！」

阿基米德立刻進宮，在國王面前將與皇冠一樣重的一塊金子、一塊銀子和皇冠，分別放在水盆裡，只見金塊排出的水量比銀塊排出的水量少，而皇冠排出的水量比金塊排出的水量多。阿基米德自信地對國王說：「皇冠裡摻了銀子！」

國王沒弄明白，要阿基米德解釋一下。阿基米德說：「一公斤的木頭和一公斤的鐵比較，木頭的體積大。如果分別把它們放入水中，體積大的木頭排出的水量比體積小的鐵排出的水量多。我把這個道理用在金子、銀子和皇冠上。因為金子的密度大，銀子的密度小，因此，同樣重量的金子和銀子，必然是銀子的體積大於金子的體積，放入水中，金塊排出的水量就比銀塊少。剛才的實驗，皇冠排出的水量比金塊多，說明皇冠的密度比金塊密度小，從而證明皇冠不是用純金製造的。」金匠因此受到了懲罰。

所以，在工作中，不要怕任何問題和困難，要知道，凡事必有解決的辦法；只要我們努力去想辦法，找方法，每一個問題都會有解決的方法。

我們應該勇於面對考驗我們的環境，努力奮鬥，才會有更多機會。因為磨難迫使我們向前進，否則我們將停滯不前。它引導我們通過考驗，獲得成功。未經磨難，無法得到任何有價值的東西。簡單的事情每個人都做得到。每一個成功的人，在生活中都經過一番奮鬥。人生是不斷奮鬥的過程，勇於面對困難、克服困難，繼續迎接下一個挑戰的人，就是最後的贏家。

欣然擁抱磨難，而不是設法逃避。你也應該如此，讓自己在其中學習、成長，以至成功。

面對各種艱難的挑戰吧！因為在你窮思竭慮，要找出富有創意的方法來解決問題時，最好的機會也將隨之而來。在你生命中的每一個早上，你將會因為不斷地自我燃燒而度過許多難關，使你確信將來面臨更大的挑戰時，也能完全自控而感到自豪。就如同老橡樹一般，只有被迫去掙扎奮鬥之後，才能更加強壯。

小事成就大事

「把每一件簡單的事都做好就是不簡單，」這是對待工作的態度問題，在工作中，沒有任何一件事情，小到可以被拋棄，沒有任何一個細節，細到應該被忽略。大事是由眾多的小事累積而成的，忽略了小事就難成大事。從小事開始，逐漸鍛鍊意志，增加智慧，日後才能做大事，而眼高手低者，是永遠做不成大事的。

做人不應忽略小事，小事能夠體現一個人的做人原則。畢竟在人的一生中，需要自己表現原則的關鍵時刻並不多。做人做得怎麼樣是可以從平時的小事上看出來的，那些平時在小事上就撒謊成性、推三阻四的人怎麼能指望他在關鍵的時刻表現出很高的原則性來呢？

很多年輕人在找工作時，十分注意自己的個人形象，他們穿戴整齊，舉止彬彬有禮。但是，很多年輕人卻會屢次碰壁，這是為什麼呢？因為他們忽略了個人形象的細節。

現在許多人求職時用手寫的簡歷，但字跡潦草，像「天書」一樣令人看不懂。這會讓用人單位認為你是一個不嚴謹的人，工作起來也有可能馬馬虎虎，所以只好放棄。而許多企業在招聘時，也把手寫簡歷的字跡是否工整、清晰、漂亮，身為篩選人才的第一步。

此外，在面試時還要注意自己的言談舉止，不要過於賣弄才學，以免表現得與自己的身分顯得很不相稱，令人不敢恭維。

劉強與用人單位約好下午 14：05 面試的，可他直至 14：12 才到。前臺小姐把他帶去面試時，面試的經理還沒問什麼，他就開始解釋說路上塞車很嚴重。面試剛開始三分鐘，動聽的手機音樂響了，劉強習慣性地接聽了電話，像是旁若無人。只聽他說「這件事不是跟您說多少次了嗎？你直接問總經理就行了……」談到一個專業問題時，面試官問這樣操作可行嗎？劉強回答：「我說這樣做就肯定沒問題的，這方面我有十幾年工作經驗了。」結果，雖然對方對於他的業務能力表示認可，但因其不注重細節，誰敢邀其加盟？

企業在用人時，特別注重應聘者的行為細節。一個不注重細節的年輕人，即便很有專業能力，指望他以後能給企業帶來多大的價值也是很難的事。說不定，還會因一件小事讓公司大受損失呢。

現實生活中，有無數年輕人因為養成了輕視工作、馬馬虎虎、對工作不盡職盡責的習慣，以及敷衍了事的態度，終致一生不能出人頭地。

一個年輕人養成敷衍了事的惡習後，做起事來往往就會不誠實。這樣，人們最終必定會輕視他的工作能力，進而輕視他的人品。粗劣的工作，必會帶來粗劣的生活。工作是人們生活的一部分，做粗劣的工作，不但使工作的效率降低，而且還會使人喪失做事的才能和動力。所以，粗劣的工作，實在是摧毀理想、墮落生活、阻礙前進的仇敵。

實現成功的唯一方法，就是在做事的時候，抱著非做成不可的決心。抱著追求盡善盡美的態度。而世界上創立新理想、新標準，扛著進步的大旗、為人類創造幸福的人，都是具有這種本質的人。

有人曾經說過：「輕率和疏忽所造成的禍患是不相上下的。」

許多年輕人之所以失敗，就是敗在做事不夠盡責、過於輕率這一點上。這些人對於自己所做的工作向來不會要求盡善盡美。

有許多的年輕人，似乎不知道職位的晉升，是建在忠實履行日常工作職責的基礎上的。只有目前所做的職業，才能使他們漸漸地獲得價值的提升。

有許多年輕人在尋找發揮自己本領的機會。他們常這樣問自己：「做這種乏味平凡的工作，有什麼希望呢？」可是，就是在這極其平凡的職業和極其低微的位置上，往往藏著極大的機會。只要把自己的工作，做得比別人更完美、更迅速、更正確、更專注，調動自己全部的智力，從工作中找出新方法來，這樣才能引起別人的注意，從而使自己有發揮本領的機會，滿足心中的願望。所以，不論薪水有多微薄，都不可以輕視和鄙棄自己目前的工作。

在做完一件工作以後，應該這樣說：「我願意做這份工作，我已竭盡全力、盡我所能來做這份工作，我更願意聽取大家對我工作的批評。」

成就最好的工作，需要經過充分的準備，並付諸最大的努力。英國的著名小說家狄更斯，在沒有完全準備好要選讀的資料之前，絕不輕易在聽眾面前誦讀。他的規矩是每日把準備好的資料讀一遍，直到六個月以後讀給大眾聽。法國著名小說家巴爾扎克有時為了寫一頁小說，會花上一星期的時間。

大事件是可遇而不可求的，小事情卻每天都在發生。順利、妥貼而又快樂地去處理每件小事是容易的，但每天都能順利、妥貼而又快樂地去處理一件小事卻是十分困難的。如果一輩子都無怨無悔、謹慎小心、愉悅歡快地去處理一件又一件小事，那大概要比做一件大事還要難。

許多年輕人做了一些粗劣的工作，藉口往往是時間不夠，其實按照各人日常的生活，都有著充分的時間，都可以做出最好的工作。如果養成了做事務求完美、善始善終的好習慣，人的一輩子必定會感到非常的滿足，而這一點正是成功者和失敗者的最大區別。成功者無論做什麼，都力求達到最佳境地，絲毫不會放鬆；成功者無論做什麼工作，都會盡職盡責地去完成。

做一個準時的人

「一萬年太久，只爭朝夕。」珍惜點點滴滴的時間，會給自己創造出許多財富。

在現代社會中，能力和敏捷往往是兩大立足社會的基本因素。而能力則通常是準時和敏捷的必然產物。很簡單，如果一個人能在短時間內高品質地完成任務，人們就認為他能力強。所以，倘若一個人能夠懂得時間的可貴，那就能做到不讓自己的時間白白浪費。這樣的人，一生將是再充實不過了。

凡是事業上取得重大成果的人，我們從他們的身上都能看出準時和敏捷的習慣。倘若一個人在做事的時候總是不準時，和他人的赴約經常遲到，辦事總是比他人晚半拍，那麼在日常的人際交往中，他的這些表現就會讓別人對他產生不信任的心理。儘管他的內心可能是很忠誠、很可靠的，可是他的不準時會讓他在對方心目中的形象大打折扣。

在為人處事的過程中，「準時」和「敏捷」的重要性是不言而喻的。做事就要做到不錯過一分一秒，抓住時機。這樣的人在事業上一定能贏得喜人的業績。拿破崙．希爾曾經說，他能將奧國的軍隊打敗，很主要的原因就是奧國的軍人不懂得「5 分鐘」時間的重要性。他說，「每錯過一分鐘時間，即是多給予『不幸』以一分可乘之機。」

不論事情發展到什麼階段，那些準時做事的人總是能夠做到既不浪費自己的時間，也不浪費他人的時間。所以說，在他的這種強烈的時間意識下，能更容易實現自己的目標。而那些不能敏捷、不能準時的人，往往會讓良好的晉升機遇擦肩而過。

對於那些珍惜時間而且肩負重任的人來說，不能準時辦事而造成的過失簡直就是不可寬恕的。

奧林爾斯是美國一家大型企業的總經理。曾經有一段時間，每天上午 9 點他總約一個年輕人來他辦公室談事。因為之前那位年輕人曾經委託奧林爾斯給他介紹一份工作。剛好，奧林爾斯給他找到了一個比較合適的職位。

這天，奧林爾斯打算在他們談話之後帶這位年輕人去見一位在鐵路系統工作的長官，因為那位鐵路上的長官也給奧林爾斯打過招呼，讓他幫忙物色一個職員。可是那位年輕人那天 9 點 20 分才來，可是奧林爾斯已經不在辦公室了。他已去和另一個人談事情了。

過了幾天，那位年輕人請求奧林爾斯重新會見。奧林爾斯問他為什麼上次沒有準時到來？年輕人回答說：「先生！我那天是在 9 點 20 分到的。」奧林爾斯立刻提醒他，「可是我們定的時間是 9 點整啊！」「是，這我知道，」年輕人支支吾吾地回答說：「只相差了 20 分鐘的時間，應該沒有什麼大關係吧！」「不！」奧林爾斯一臉的嚴肅，「怎麼能沒多大關係？就是在那 20 分鐘裡，你失去了你想做的工作。因為當時，鐵路系統上錄用了另一位職員。而且容我告訴你，年輕人，你可不要小看這 20 分鐘的時間，就是那天的那 20 分鐘裡，我正在趕赴另外一個重要的預約。」

曾經有一位哲人這樣對他的朋友說，他總是把時間看得很重要，在他眼裡，一小時的時間就相當於 1,000 元。要是我們都能像那位哲人一樣珍惜自己的時間，抓住自己的時間，充分利用自己的時間，成為時間的主人，也就成了財富和成功的主人。可是生活中的絕大多數人，卻都沒有強烈的時間觀念，經常虛擲寶貴的時間，所以，很多時間就白白浪費掉了。而對他們來說，浪費的不僅僅是時間，還有機遇。可是這一切都在他們的無知中蕩然無存。他們因為一次次的浪費時間，所以面對的只能是一次次的後悔，可是後悔又能解決什麼問題呢？

魯迅先生曾經說過，浪費時間就是圖財害命。不管對別人還是對自己，我們都要有強烈的時間觀念，不要認為幾分鐘、幾秒鐘的時間那麼短，做不了什麼事。事實上，往往在關鍵時刻，可能就是那短短的幾分幾秒，就能決定整個事情的結局。因此，時間不容忽視，哪怕是一分一秒，我們都要爭取。時刻做個準時的人，做個敏捷的人，本著分秒必爭的態度去對待事情，一定會有驚人的成果被我們摘取。

第 5 章
立刻行動，該出手時早出手

克雷洛夫說：「現實是此岸，理想是彼岸，中間隔著湍急的河流，行動則是架在河上的橋梁。」行動才會產生結果，行動是成功的保證。任何偉大的目標，偉大的計畫，最終必然落實到行動上才能得到實現，行動是完成計畫奔向目標獲得成功的保證。

用行動完成心動的事

一個人想奔向自己的目標，追求自己的成功，現在就立即行動。「立即行動」，應是自我激勵的警句，是自我發動的信號，它能使你勇敢地做出決定行動的想法，幫你抓住寶貴的時間去做你所不想做而又必須做的事。

世上沒有任何事情比下決心、立即行動更為重要，更有效果。因為人的一生，可以有所作為的時機只有一次，那就是現在。

有了價值連城的目標計畫，成功已在向你展示。有則笑話裡有這樣一位先生，幾年以來一直暗戀著某位小姐，可是，連續幾年過去了，他一直沒有採取任何行動，他一直在等待，直到那位小姐成為他人之妻，他緊張起來，但是為時已晚了！因此，有了心動的想法請千萬不要再猶豫，不要在彷徨中錯失良機，應抓住機遇立即去行動。

只有弱者才會因循觀望地等待，優秀之人不會等待成功的到來，而是尋找並創造條件，立即行動，不斷行動，讓別人驚嘆他的敏捷。

永遠是你採取的行動讓你更成功，而不是你觀望了多長時間，這些對你毫無意義，因為它們還沒有被轉化為行動。不管你現在決定做什麼事，也不管你制定了多少目標，你一定要行動。

誠然，因循觀望或者坐在那裡說大話，總比行動要容易得多，正如鮑西婭所說的那樣：「倘使做一件事情就跟知道應該做什麼事情一樣容易，那麼小教堂都要變成大禮拜堂，窮人的草屋都要變成王侯的宮殿了」。正因為做一件事要比知道應該做什麼以及應該怎麼做困難得多，所以人們總是願意坐在那裡侃侃而談，而不願意迎著現實的困難起步前行。

可是如果我們一味地坐在那裡侃侃而談，那麼事情就永遠不會取得任何一絲一毫的進展，倘若人人都只知道空談或是空想，而不採取實際行動，那麼整個社會都無法繼續向前進步。所以，我們一定要馬上行動，不斷行動，這是一切事業得以成功的保障。

美國快樂公司是美國第一家專門為 7 ～ 12 歲女孩服務的公司，它不僅製造了讓各種膚色兒童都喜歡的黑色和西班牙玩具娃娃，而且透過捆綁銷售與娃娃相關的系列叢書，使學與玩的結合變成一種時髦。2001 年，快樂公司的年銷售量達到 3.5 億美元。

就是這樣一個玩具業巨人，它的誕生卻完全憑著一個已經 45 歲的女人的一種美好的願望。羅蘭，在她 45 歲創辦快樂公司之前，曾經做過小學教師、電視臺記者、教科書的撰稿人以及一本小雜誌的出版商。1984 年她和丈夫參加了一個在殖民地威廉斯堡舉行的傳統活動，在那裡，她沉浸在當年殖民地的氛圍中。耶誕節前，她想給自己兩個 8 歲和 10 歲的姪女買個既漂亮又有內涵的玩具娃娃當作禮物，但是她沒有找到，市場上的娃娃都不是她想要的那種。

突然一天，她腦海裡誕生了一種奇妙美好的令人心動的夢想。她立刻給最親密的朋友寫了一張明信片它至今仍保存在快樂公司的檔案室。「你覺得怎麼樣，為 9 歲的女孩製作一套講述不同歷史時期的書，同時配備穿著不同時代服裝的娃娃，以及一些可以讓孩子們演出的附屬道具？我並不做新的玩具，只是把殖民地威廉斯堡的美好回憶微縮到讓孩子一直喜歡的書和娃娃身上。」

羅蘭立刻用一週的時間製作了一份包括系列圖書、娃娃服裝樣式、生產線規劃等內容詳盡的商業計畫書，並以最快的速度開始實施。

最初的時間，羅蘭只能小打小鬧，用最節約的辦法推銷，憑藉郵寄廣告目錄和口口相傳。4 年以後，「美國女孩」的品牌價值上升到 7,700 萬美元。有了基礎，羅蘭開始擴大品牌，推出面向更年輕女孩的嬰兒娃娃和配套的《美國女孩雜誌》等圖書。在隨後的 5 年裡，「美國女孩」的營業額以每年 5,000 萬美元的速度成長，最終達到了 3 億美元。

相信很多人在買不到合適的東西時，都有過和羅蘭一樣的苦惱。買不到，就說明是個市場空白，就是商機所在。但遺憾的是，商機當前，卻很少有人能抓住它。

有時是因為感覺遲鈍，視而不見。但更多的時候是，看見了，也想到了，卻沒有行動。

行動才有結果，行動是夢想的開始，成功需用實際行動來換取。如果你想有所收穫，那麼最起碼要先付出行動，問題就是如此簡單。

愛爾蘭作家瑪麗·埃奇沃斯曾經說過：「沒有任何一個時刻像『現在』這樣重要，不僅如此，沒有『現在』這一刻，任何時間都不會存在。沒有任何一種力量或能量不是在現在這一刻發揮作用。如果一個人沒有趁著熱情高漲的時候採取果斷的行動，以後他就再也沒有實現這些願望的可能了。所有的希望都會淹沒在日常生活的瑣碎忙碌中，或者會在慵懶閒散中耗掉。」

生活中，有美麗的願望當然是好事，但一味地空想、觀望，非但不會有所收穫，而且會耽誤了你的進取。世界上向來沒有不勞而獲的人或事，因此也不要在這部分存有幻想。

人們總是希望得到美好的生活，但是他們卻不願意為此付出代價。很多人甚至連一點點的行動都不願意付出，只是盼望著天上能夠掉下餡餅，多麼愚蠢而可悲的事情啊！

坐而言不如起而行，趕快啟動你的機器，馬上行動，不斷行動，開始人生的航程。只有持之以恆，才能將理想與現實畫上等號。螢火蟲不斷地飛舞才會讓人發現其光芒，而人就是由於不斷行動，才展現出自身的生命力及活力。

人生沒有機會讓你等待觀望。你要選定目標，作出決定，然後不斷行動！不斷行動才會產生結果，不斷行動是一切成功的保證。你只要一步步地去做，你也會驚嘆自己的智慧和勇氣。

行動，讓想法更有價值

比爾蓋茲曾指出，雖然行動不一定能帶來令人滿意的結果，但不採取行動就絕無滿意的結果可言。

因此，如果你有一個夢想，要實現它必須先從行動開始。

沃克臂力過人，反應也特別靈敏。他原本是一個農夫，以養牛維持生計。26 歲那年對射箭產生生興趣，一有空就到野外去獵獲飛禽走獸。日久天長，射箭成為他最大的業餘愛好，弓箭成為他最好的朋友。

對於沃克來說，1978 年是他一生中最黑暗的歲月。一天他去搬動農機設備，突然感受到一股電擊的灼熱，再想收回手已經來不及了。就見眼前騰起一股青煙，一隻好端端的胳膊就報廢了，不得不施以手術切除。

一個四肢健全的人，突然變成了獨臂夫，從生活到工作，一切都得從頭開始。沒過多久，他就學會了單手駕駛拖拉機和操縱各種農機設備。肢缺體殘，沒有擊垮沃克的意志，更沒有打消他對射箭運動的興趣。他還希望像正常人那樣生活工作，還想一如既往地投身於運動。

經過仔細琢磨，沃克找來一塊優質皮革，把它固定在只有 15 磅張力的兒童弓箭上。每次到場地練習，先用牙齒咬住那塊皮革，再用左手把弓弦向後拉，然後對著一堆堆稻草進行實箭練習。這種姿勢難度很大，一開始摸索要領，辛苦吃力自不必言，還累得他腰酸頸痛，連兩腮的肌肉都麻木了。

日復一日地苦練，力量越來越大，準確性越來越高。半年之後，沃克已經把弓箭的張力由 15 磅增至 60 磅。斷臂一年後，他就和正常人站到一起，參加密蘇里州射箭錦標賽。雖然名列倒數第一，可他並不氣餒。第二年再次披掛上陣，名次躍升至第十位。1982 年他第四次參加密蘇里州射箭錦標賽，戰勝一個又一個四肢健全的對手，自豪地站到冠軍的領獎臺上。

沃克一發而不可收，連年參賽連年奪魁，終於贏得了獨臂龍的稱號。密蘇里州射箭協會的一位官員評價說：「沃克是一位了不起的選手，敢與全國各地兩手健全的弓箭手較量，甚至擊敗他們。」在談到成功的祕訣時，沃克最喜歡用的一個詞，就是決心。他說：「我對身心障礙者的忠告是，不要讓傷殘嚇倒你。想要做什麼，你就去做什麼，沒有什麼好怕的。」

只有行動，才是你做事的起點，才能使你的幻想、你的計畫、你的目標，成為一股活動的力量。行動，才是滋潤你做事的食物和水。

美國杜蘭大學的喬治．布林契博士指出：「結束生命最快的方法就是什麼也不做。每一個人至少必須有一個興趣，以便繼續活下去。」

退休是「開始」還是「結束」，人人都有自由選擇。自認為退休是有意義生活的「結束」的大部分人，很快就會發現退休也是他生命的結束。因為沒有目標的生活，無所事事，很快就會使人衰老。

至於把退休當成再出發的人，境遇就會完全不同。亞特蘭大一家銀行原副董事長曾有這樣的經歷，他幾年以前以銀行副董事長的身分退休時，就是他開始新生活的「紀念日」。後來他成為工商顧問，透過他的努力成就非常輝煌。

現在他 60 多歲了，仍舊為許多客戶服務，並且經常應邀到全國各地演講。他有很多計畫，其中之一是幫助成立一個為推銷員設立的社交團體。看他神采飛揚的模樣，彷彿 30 出頭的年輕人，正因為他不甘心淘汰與無聊，才會有今天的成就。像這位副董事長那樣對待生活的老人不會成為令人討厭的脾氣暴躁、性情乖戾的人。只有自以為太老而自怨自艾的人才會惹人厭煩。因此，積極的投入行動，只有實際行動才能保持你年輕的心態，才能成就你美好的事業。

心動只是一個念頭，一種想法，而事業是做出來的。有心動的想法更需要用行動去完成。心動，目標，計畫，再透過全力以赴，堅持不懈地努力落實你的行動，這樣才能使你美好、心動的夢想變為現實，才能使你的美夢成真，才可以真正實現自己的人生價值，創造事業和人生的輝煌。

有兩個小孩到海邊去玩，玩累了，兩人就躺在沙灘上睡著了。

其中一個小孩做了個夢，夢見對面島上住了個大富翁，在富翁的花圃裡有一整片的茶花，在一株白茶花的根下埋著一壇黃金。

這個小孩就把夢告訴了另一個小孩，說完後，不禁嘆息著：

「真可惜，這只是個夢！」

另一個小孩聽了相當動容，從此在心中埋下了逐夢的種子。

他對那個做夢的小孩說：「你可以把這個夢賣給我嗎？」

這個小孩買了夢以後，就往那座島進發。他歷經千辛萬苦才到達島上，果然發現島上住 著一位富翁，於是就自告奮勇地做了富翁的傭人。

他發現，花園裡真的有許多茶花，茶花一年一年地開，他也一年一年地把種茶花的土一 遍一遍地翻掘。

就這樣，茶花愈長愈好，富翁也就對他愈來愈好。

終於有一天，他由白茶花的根底挖下去，真的掘出了一壇黃金！

買夢的人回到了家鄉，成了最富有的人；賣夢的人雖然不停地在做夢，但他從未圓過夢，終究還是個窮光蛋。

人因夢想而偉大，沒有夢想的人生是最枯燥乏味的人生。那些只會做夢卻不去實踐的人，就像那個賣夢的孩子一樣，無論多麼美麗的夢想都不會帶來什麼結果。一個人什麼都可以沒有，但不能沒有夢想；一個人什麼都可以丟棄，但不能把夢想丟了。有了夢想，立即行動，用行動來實現我們的夢想。

行動是制勝的根本

天下最可悲的事情就是後悔。許多人把不成功歸結到當時沒有去行動。為了避免類似的

事情發生，就必須在有了創意時馬上執行。行動才是制勝的根本。

德謨克利特是古希臘的雄辯家，有人問他：雄辯術的第一要點是什麼？

他說：

「行動。」

第二點呢？

「行動。」

第三點呢？

「仍然是行動。」

要取得成功，不光是靠智慧，最基本的就是行動。如果自己光憑腦子想，永遠不付諸行動，那麼永遠也不會成功。

在遠古的時候，有兩個朋友相伴一起去遙遠的地方尋找人生的幸福和快樂。一路上風餐露宿，在即將到達目標的時候，遇到了風急浪高的大海，而海的彼岸就是幸福和快樂的天堂，關於如何度過這條海，兩個人產生了不同的意見，一個建議採伐附近的樹木造成一條木船渡過海去，另一個則認為無論哪種辦法都不可能渡過海，與其自尋煩惱和死路，不如等海水乾了，再輕輕鬆鬆地走過去。

於是，建議造船的人每天砍伐樹木，辛苦而積極的製造船隻，並順便學會了游泳；而另一個則每天躺下休息睡覺，然後到河邊觀察海水流乾了沒有。直到有一天，已經造好船的朋友準備揚帆出海的時候，另一個朋友還在譏笑他的愚蠢。不過，造船的朋友並不生氣，臨走前只對他的朋友說了一句話：「去做每一件事不一定見得都成功，但不去做每一件事則一定沒有機會得到成功！」能想到等到海水流乾了再過海，這確實是一個「偉大」的創意，可惜這卻僅僅是個注定永遠失敗的「偉大」創意而已。

大海終究沒有乾枯，而那位造船的朋友經過一番風浪也最終到達了彼岸，依靠行動實現了自己的目標。這兩人後來在海的兩個岸邊定居了下來，也都衍生了許多自己的子孫後代。海的一邊叫幸福和快樂的沃土，生活著一群我們稱為勤奮和勇敢的人，海的另一邊叫失敗和失落的原地，生活著一群我們稱之為懶惰和懦弱的人。

這個故事告訴我們：

躺著思想，不如站起行動！
無論你走了多久，走了多累，都千萬不要在「成功」的家門口躺下休息。
夢想不是幻想。

拿破崙．希爾說：「想得好是聰明，計劃得好更聰明，做得好是最聰明又最好。」

成功開始於心態，成功要有明確的目標，這都沒有錯，但這只相當於給你的賽車加滿了油，弄清了前進的方向和線路，要抵達目的地，還得把車開動，並保持足夠的動力。

麥可．戴爾（Michael Dell）說：「如果你認為自己的主意很好，就去試一試！」29 歲的麥可正是以此成為企業鉅子的。他如今是美國第四大個人電腦生產商，也是《財富》雜誌所列 500 家大公司的首腦中最年輕的一個。麥可是在德克薩斯州的休士頓市長大的，有一兄一弟，父親亞歷山大是一位牙醫，母親羅蘭是證券經紀人。三個孩子當中，麥可在少年時期就已顯出勤奮好學、幹勁十足的優勢。

一次，一位推銷員上門，說要和麥可．戴爾先生面談他申請中學同等學歷證書的事情。於是，當時才 8 歲的麥可就向她解釋說，他認為儘早把中學文憑解決掉可能是個好主意。幾年後，麥可有了另一個好主意：在集郵雜誌上刊登廣告，出售郵票。後來，他用賺來的 2,000 美元買下他的第一臺個人電腦。他把電腦拆開，來研究它是怎樣工作。

麥可讀高中時，找到了一份為報紙募集新訂戶的工作。他推想，新婚的人最有可能成為訂戶，於是雇請朋友為他抄錄新近結婚人的姓名和地址。他將這些資料輸入電腦，然後向每一對新婚夫妻發出一封有私人簽名的信，允諾贈閱報紙兩星期。這次他賺了 1.8 萬美元，買了一輛德國 BMW 汽車。

第二年，麥可進了德克薩斯大學。像大多數學生那樣，他需要自己想辦法賺零用錢。那時候，大學裡人人都談論個人電腦，凡沒有的人都想買一臺，但由於售價太高，許多承擔不起。一般人所想要的，是能滿足他們的需要且又售價低廉的電腦，但市場上沒有。戴爾心想：「經銷商的經營成本並不高，為什麼要讓他們賺那麼厚的利潤？為什麼不由製造商直接賣給使用者呢？」戴爾知道，IBM 公司規定經銷商每月必須獲取一定數額的個人電腦，而多數經銷商都無法把貨全部賣掉。他也知道，如果存貨積壓過多，經銷商會損失很大。於是，他按成本價購得經銷商的存貨，然後在宿舍里加裝配件，改進性能。這些經過改良的電腦十分受歡迎。戴爾見到市場的需求巨大，於是在當地刊登廣告，以零售價的八五折推出他那些改裝過的電腦。不久，許多商業機構、醫生診所和律師事務所都成了他的客戶。

一次戴爾放假回家時，他的父母表示擔心他的學習成績。「如果你想創業，等你獲取學位之後再說吧！」他父親勸他說。戴爾當時答應了，可是回到奧斯丁，他就覺得如果聽父親的話，就是在放棄一個一生難遇的機會。「我認為我絕不能錯過這個機會。」一個月後，他又開始銷售電腦，每月賺 5 萬多美元。戴爾坦白地告訴父母：「我決定退學，自己開辦公司。」「你的目標到底是什麼？」父親問道。「和萬國商用機器公司競爭。」和萬國商用機器公司競爭？他的父母大吃一驚，覺得他太好高鶩遠了。但無論他們怎樣勸說，戴爾始終堅持己見。終於，他們達成了協定：他可以在暑假時試辦一家電腦公司，如果辦得不成功，到 9 月他就要回學校去讀書。

戴爾回奧斯丁後，拿出全部儲蓄創辦戴爾電腦公司。當時他 19 歲。他以每月續約一次的方式租了一個只有一間房的辦事處，雇用了第一位雇員 —— 一名 28 歲的經理，負責處理財務和行政工作。在廣告方面，他在一隻空盒子底上畫了戴爾電腦公司第一個廣告的草圖。朋友按草圖重繪後拿到報館去刊登。戴爾仍然專職直銷經他改裝的萬國商用機器公司個人電腦。第一個月營業額便達到 18 萬美元，第二個月 26.5 萬美元，不到一年，他便每月售出個人電腦 1,000 臺。積極推行直銷、按客戶的要求裝配電腦、提供退貨還錢以及對失靈電腦「保證翌日登門修理」的服務舉措，為戴爾公司贏得了廣闊的市場。戴爾電腦公司鼓勵雇員提出新的主意。雇員提了一個主意之後，如果公司認為值得一試，那麼，即使後來證明不可行，雇員也會獲得獎賞。到了麥可本應大學畢業的時候，他的公司每年營業額已達 700 萬美元。戴爾停止出售改裝電腦，轉為自行設計、生產和銷售自己的電腦。

今天，戴爾電腦公司在全球 16 個國家設有附屬公司，每年收入超過百億美元，有雇員約 5,500 名。戴爾個人的財產，估計在 2.5 億到 3 億美元之間。

戴爾的成功告訴我們：成功的根本在於行動。你應該去嘗試實現自己的夢想，嘗試去做你內心真正喜歡的事。行動是通向成功的唯一途徑。

想好了，馬上去做

生命中充滿了許多的機會，足以使你功成名就或一蹶不振。是否要主動爭取，好好利用機會，就得看你自己的決定了，除非你付諸行動，否則你將注定平庸一生。所以，別再拖延，現在就動手吧！

在人生中，思前想後，猶豫不決固然可以免去一些做錯事的可能，但可能會失去更多成功的機遇。

很多人在決定了一件事後不敢馬上去做，而是思前想後，仔細考慮到底是不是還欠穩妥，害怕萬一失敗了該怎麼辦，甚至不相信這是個最好的決定，仔細考慮還有沒有其他的決定。就這樣，他一直在決定中，從來沒有付諸實際，當別人都已經向前行進時，他還在原地踏步不動。這樣的人就算有再聰明的頭腦，再豐富的想像力，但卻不能付諸實踐，那又有什麼用呢？

思想與行動同等重要。如果你每天都在想著做什麼，而不付諸於實際行動，那只能是空想，永遠也不會成功。

很多人的失敗不僅僅是因為沒有信心而跌倒，而且是因為不能把信念化做行動，並且不顧一切地堅持到底。

人有兩種能力，思維能力和行動能力，沒有達到自己的目標，往往不是因為思維能力，而是因為行動能力。

我們讀過這樣一則古文：「蜀之鄙有二僧」。

在四川的偏遠地區有兩個和尚，其中一個貧窮，一個富有。

一天，窮和尚對富和尚說：「我想到南海去，你看怎麼樣？」

富和尚說：「你憑藉什麼呢？」

窮和尚說：「我有一個水瓶、一個飯缽就足夠了。」

富和尚說：「我多年來就想買船沿著長江而下，現在還沒做到呢，你就憑這些去？」

第二年，窮和尚從南海歸來，把去南海的事告訴富和尚，富和尚深感慚愧。

窮和尚與富和尚的故事說明一個簡單的道理：

光說不動是達不到目的的。

克雷洛夫說：「現實是此岸，理想是彼岸，中間隔著湍急的河流，行動則是架在河上的橋梁。」行動才會產生結果。行動是成功的保證。任何偉大的目標，偉大的計畫，最終必然落實到行動上才能得到實現。

成功開始於一個好的習慣，成功要有明確的目標，這都沒有錯，但這只相當於給你的賽車加滿了油，弄清了前進的方向和線路，要抵達目的地，還得把車開動，並保持足夠的動力。

你採取多大行動才會有多大的成功，而不是你知道多少，就會有多大的成功。不管你現在決定做什麼事，不管你設定了多少目標，你一定要立刻行動。唯有行動才能使你成功。

現在做，馬上就做，是每個有「野心」成大事者必備的品格。

有一篇僅幾百字的短文，幾乎世界上主要的語種都把它翻譯出來了。僅紐約中央車站就將它印了150萬份，分送給路人。

日俄戰爭的時候，每一個俄國士兵都帶著這篇短文。日軍從俄軍俘虜身上發現了它，相信這是一件法寶，就把它譯成日文。於是在天皇的命令下，日本政府的每位公務員、軍人和老百姓，都擁有這篇短文。

目前，這篇《把信帶給加西亞》已被印了億萬份，在全世界廣泛流傳，這對有史以來的任何作者來說，都是無法打破的紀錄。

這篇短文的作者是阿爾伯特·哈伯德（Elbert Hubbard），文章最先為填補一期雜誌的空白而創作，後來被收錄在戴爾·卡內基（Dale Carnegie）的一本書中。

在一切有關古巴的事情中，有一個人最讓我忘不了。當美西戰爭爆發後，美國必須立即跟西班牙反抗軍首領加西亞取得連繫。加西亞在古巴叢林的山裡——沒有人知道確切的地點，所以無法寫信或打電話給他。但美國總統必須儘快與他合作。

怎麼辦呢？

有人對總統說：「有一個名叫羅文的人，有辦法找到加西亞，也只有他才找得到。」

他們把羅文找來，交給他一封寫給加西亞的信。那個叫羅文的人拿了信，把它裝進一個油質袋子裡，封好掛在胸口，劃著一艘小船，四天以後的一個夜裡，在古巴上岸，消失於叢林中，接著在三個星期之後，把那封信交給加西亞 —— 這些細節都不是我想說明的。我要強調的重點是：麥金利總統把一封寫給加西亞的信交給羅文，而羅文接過信之後，沒有問題，沒有條件，更沒有抱怨，只有行動，積極、堅決的行動！

「只有行動賦予生命力量。」羅文為德謨斯特斯、克雷洛夫、拿破崙．希爾的話做了最好的注解。人是自己行為的總和，是行動最終體現了人的價值。

據說，在美國一個小城的廣場上，塑著一個老人的銅像。他既不是什麼名人，也沒有任何輝煌的業績和驚人的舉動。他只是該城一個餐館端菜送水的普通服務生。但他對客人無微不至的服務，令人們永生難忘。

他是一個聾子，他一生從沒有說過一句表白的話，也沒有聽過一句讚美之辭，他只能憑「行動」二字，使平凡的人生永垂不朽！

「只有你的行動，決定你的價值。」這就是有雄心成大事者的祕訣！

雄心是成功的起跑線，決心則是起跑時的槍聲。行動猶如跑步者全力的奔馳，唯有堅持到最後的人，方能獲得成功的錦標。

行動是潛能的挖掘機

試試就能行，爭爭就能贏！試一試，就是嘗試、體驗，對願望有所行動。邁向成功需要冥思，更需要行動。

有這樣一個笑話。

一個醉鬼深更半夜跌跌撞撞地往家裡走，可連方向都弄錯了，竟走到一片墓地裡。有一家人明天要給親人送葬，提前挖了個大深坑。醉漢一不留神掉進了坑裡。他費了九牛二虎之力仍然爬不上來。正當他準備稍事休息再往上爬時，突然有人冷不防地在他肩上拍了一下，陰陽怪氣地說：「別費力了，我試過了，你爬不上去的……」這一驚嚇非同小可，他以為遇到了鬼，噌！一下子躍出坑外，撒腿跑了個無影無蹤。原來拍他的人也是個掉到坑裡的醉鬼。

你之所以還僅僅只是在想成功，是因為現狀還沒有把你逼上絕路，你還得混下去。所以你必須讓自己強烈地恐懼你現在的樣子，否則，長此以往，你就會像——只放在一鍋冷水中的青蛙一樣，終有一天難逃苦海，而變成一鍋「青蛙湯」的。

決心，強烈的決心，只有你決定改變的心才能幫助你迎向成功。試一試不同於想一想。小馬過河的故事眾所周知，未踏進河你將永遠不知河水的深淺，做任何事都應有試一試的幹勁，別因一點困難而退卻，人最難得的就是能夠迎難而上。魯迅先生說過，人最可貴的是跨出第一步，坐而等待平安，等著前進，如果能夠可以的話，那當然是很好的，但有些人卻等到頭髮花白什麼也沒有等到，那又如何呢？有個人很懶，看著別人地裡今年又是大豐收了，他美滋滋地想：要是我地裡種的玉米今年是大豐收，那該多好呀！留一些吃，拿一些去賣，換來錢可以買回一條狗，買新衣，還買……可是在別人忙於耕種施肥時，他在睡覺；別人忙於鋤雜草，料理地裡種的莊稼時，他還是在睡覺。結果可想而知，當別人獲得大豐收，他還是望著地裡雜草叢生做美夢。那句話說得好，願望只是美麗的彩虹，行動才是澆灌果實的雨水。

試一試又要有想一想作為前提。不假思索埋頭苦幹，是盲目的舉動；漫不經心或蜻蜓點水地做事，可能導致事倍功半。俗話說，說到不如做到，但做到首先要想到，必要時三思而後行。成功不是垂手可得的，絕非努力一次即可邁向終點。有的同學臨近考試時挑燈夜讀，結果沒考好，憤憤然地說：「太不公平了，我都沒日沒夜苦讀了，結果才得這麼一點分數。」可是你捫心自問，平時不努力，幾天的努力就能彌補以前的懈怠嗎，愛迪生發明電燈，他試過多少次？熬了多少白天與黑夜？別忘了：「雲彩有更多霞光才愈美麗，從雲翳中外露的霞光，才是璀璨多彩的。」

人生的本質在於創造，而創造就是改變人生的行動。由此可見，行動即是人生目標。

內斯美是一位出色的高爾夫球選手，他通常能打出 90 多杆。後來他有 7 年時間完全停止玩球。令人驚異的是，當他再回到比賽場時，又打出了漂亮的 74 杆。內斯美的故事說明，如果我們期望實現目標，就必須首先看到目標完成。內斯美沒有玩球的 7 年是在與世隔絕的俘虜收容所裡度過的，見不到任何人，無法做正常的體能活動。頭幾個月他幾乎什麼也沒做，後來他意識到要保持清醒頭腦並活下去，就得採取特別積極的措施。於是，他選擇了心愛的高爾夫課程。在其心裡他每天都堅持玩整整 18 個洞。他在心中打球，所花時間跟他在高爾夫球場上玩球一樣長。在 7 年裡，他一直在心裡玩那完美的高爾夫球，從來沒有一次漏打了球。

這個例子說明，一個人要想達到目標，在達到之前，心中就要「看見目標完成」。

行動會增強自信心，猶豫只會帶來恐懼。克服恐懼的唯一辦法就是立即行動。

跳傘的人拖得越久越害怕，就越沒有信心。「等待」甚至會折磨各種專家，並使他們變得神經質。有經驗的教師站在講臺上長時間不開口也會緊張得不行。著名播音員愛德華．慕羅在面對麥克風之前總是滿頭大汗，一開始播音以後，所有的恐懼立即「煙消雲散」了。行動可以治療恐懼，許多老演員也有這種經驗，立即進入狀態，可以解除全部的緊張，恐怖與不安。一般人則不了解這個道理，他們應付恐懼的常用辦法就是「不做」或迴避。多數推銷員就經常這樣，他們經常怯場，結果是越來越糟。克服恐懼的最佳辦法，就是立刻就做。不管做什麼事，一經決定，就立刻進入狀態。

寫作、繪畫都需要創意、創造力。很多人都是強調還沒來靈感。其實，靈感必須在進入狀態之後才能產生。不寫、不畫，不進入創作狀態，哪來的靈感。

著名的科幻小說家雷德里克．波洛常被問到，該如何克服在寫作上所遇到的種種障礙與瓶頸？他說：「當發現自己陷入困境時，就先寫些粗糙的草稿。先不管它有多麼粗糙、缺點多麼多。之後，再回頭來慢慢改寫。

「這樣的方法幫了我不少的忙，使『障礙』不再無限期地延續下去。我只顧硬著頭皮做下去，不管想到什麼可能的思路，都把它寫在紙上。如果過後覺得那些東西不好，我隨時都可以修改。而與此同時，我也就前進了一步。

「不要幻想自己寫得確實『很精彩』。你所要做的就是把它寫下來，然後，你就能有一個明確的東西，可供你去改寫、修正、提高。

「這和打棒球時不同，你最多只能擊球三次，就得出局。但對於寫作的修正、改寫，卻是毫無限制的；你想擊多少次就擊多少次，而且或遲或早，你總會擊中的」。

真正的成功者不會在一開始付出努力的時候，就希冀得到傑出的成果，或在一開始就達到十全十美。他們也不會因為害怕出差錯或被人視為愚蠢、被人批評，就放棄心中的理想、目標，或拒絕去嘗試新的東西。

成功者知道，如果他們不去嘗試，就永遠實現不了、接近不了自己的目標。他絕不會等待情緒良好、一切順利才開始著手。因此，只要有一個不完備的計畫、一個粗糙的想法、念頭、草案，他們就會開始去嘗試、發展、實驗，並且在嘗試、付出的進程中，不斷地自我學習、充實，並且修正改進。

《新約．馬太福音》第 25 章敘述耶穌帶領門徒向耶路撒冷行進，一路上對門徒諄諄講道。

耶穌坐在橄欖山上時，給門徒們講了一個故事。

故事的主角是一個貴族，他要出門到遠方去。臨行前，他把僕人召集起來，按照各人的才幹，給他們銀子。

後來，這個貴族回國了，就把僕人叫到身邊，了解他們經商的情況。

第一個僕人說：「主人，你交給我五千兩銀子，我已已用它賺了五千兩。」

貴族聽了很高興，讚賞地說：「好，善良的僕人，你既然在賺錢的事上對我很忠誠，又這樣有才能，我要把許多事派給你管理。」

第二個僕人接著說：「主人，你交給我二千兩銀子，我已用它賺了二千兩。」貴族也很高興，讚賞這個僕人說：「我可以把一些事交給你管理。」第三個僕人來到主人面前，打開包得整整齊齊的銀子說：「尊敬的主人，看哪，您的一千兩銀子還在這裡。我把它埋在地裡，聽說您回來，我就把它掘了出來。」貴族的臉色沉了下來。「你這又惡又懶的僕人，你浪費了我的錢！」於是奪回他這一千兩，給那個有一萬兩的僕人，並說：「凡是有的還要加給他；沒有的，連他所有的也要奪過來。」

埋沒錢才，就是浪費，如第三個僕人的作為；不行動，也就是潛能最大的浪費。行動是潛能的挖掘機。凡是大有作為的人物都不會等到精神好時才去做事，這是因為他們深諳「行動誘發行動」這個自然原理。

十個想法不如一個行動

行動就是力量，唯有行動才可以改變你的命運。十個空洞的幻想不如一個實際的行動。我們總是在憧憬，有計劃而不去執行，其結果只能是一無所有。成功，一定是敢想，而且更要敢做！

無論是過去還是現在，許多成功人士在工作中都是充滿活力，他們以常人罕見的熱情投入工作，為自己執著追求的事業獻身。

有一個幽默大師曾說：「每天最大的困難是離開溫暖的被窩走到冰冷的房間。」他說的不錯。當你躺在床上認為起床是件不愉快的事時，它就真的變成一件困難的事了。即使這麼簡單的起床動作，亦即把棉被掀開，同時把腳伸到地上的自動反應，都可以擊退你的決心。

那些有雄心成大事的人都不會等到精神好的時候才去做事，而是推動自己的精神去做事的。

「現在」這個詞對成功的妙用無窮，而用「明天」、「下個禮拜」、「以後」、「將來某個時候」或「有一天」，往往就是「永遠做不到」的同義詞。有很多好計畫沒有實現，只是因為應該說「我現在就去做，馬上開始」的時候，卻說「我將來有一天會開始去做。」

我們用儲蓄的例子來說明好了。人人都認為儲蓄是件好事。雖然它很好，卻不表示人人都會依據有系統的儲蓄計畫去做：許多人都想要儲蓄，只有少數人才能真正做到。

這裡是一對年輕夫婦的儲蓄經過。畢爾先生每個月的收入是 1,000 美元，但是每個月的開銷也要 1,000 美元，收支剛好相抵。夫婦倆都很想儲蓄，但是往往會找些理由使他們無法開始。他們說了好幾年：「加薪以後馬上開始存錢」、「分期付款還清以後就要……」、「度過這次困難以後就要……」、「下個月就要……」、「明年就要開始存錢。」

最後還是他太太珍妮不想再拖下去。她對畢爾說：「你好好想想看，到底要不要存錢」他說：「當然要啊！但是現在省不下來呀！」

珍妮這一次下決心了。她接著說：「我們想要存錢已經想了好幾年，由於一直認為省不下，才一直沒有儲蓄，從現在開始就要認為我們可以儲蓄。我今天看到一個廣告說，如果每個月存 100 元，15 年以後就有 18,000 元，外加 6,600 元的利息。廣告又說：『先存錢，再花錢』比『先花錢，再存錢』容易得多。如果你真想儲蓄，就把薪水的 10%存起來，不可移作他用。我們說不定要靠餅乾和牛奶過到月底，只要我們真的那麼做，一定可以辦到。」

他們為了存錢，起先幾個月當然吃盡了苦頭，盡量節省，才留出這筆預算。現在他們覺得「存錢跟花錢一樣好玩」。

想不想寫信給一個朋友，如果想，現在就去寫。有沒有想到一個對於生意大有幫助的計畫？馬上就開始。時時刻刻記著本傑明．富蘭克林的話：「今天可以做完的事不要拖到明天。」這也就是我們中國俗話所說的：「今日事，今日畢。」

如果你時時想到「現在」，就會完成許多事情；如果常想「將來有一天」或「將來什麼時候」，那就會一事無成。

其實，芸芸眾生中，真正的天才與白痴都是極少數，絕大多數人的智力都相差不多。然而，在走過漫長的人生道路後，有的人成就顯著，有的人卻碌碌無為。這本是智力相近的一群人，為何他們的成就卻有天壤之別呢？原來，有「野心」的人士與平庸之輩最根本的差別並不在於天賦，也不在於機遇，而在於有無人生奮鬥目標！有沒有實現目標的行動！對於那些沒有目標沒有行動的人來說，歲月的流逝只意味著年齡的增長，平庸的他們只是在日復一日，年復一年地重複自己。

條件成熟是成功的前提，但這並不是說，我們等條件成熟了才能行動。坐等其成，只能虛度時光。條件完全是可以創造的。請記住：行動比想法更重要，努力從今天開始。

該出手時就出手

邁出第一步是很重要的，但更重要的是在邁出第一步之前就下定決心，用行動而不是用害怕和猜疑去面對事實，不要懼怕失敗，該出手的時候就要出手。如果行動受到猶豫遲疑的阻礙，哪怕是一丁點的小任務也不會圓滿地完成。

海爾 CEO 敏有一次問管理層的人：「怎樣才能讓石頭在水面上浮起來？」有人答：「把石頭挖空。」有人答：「給石頭綁上木塊。」對這些回答，張瑞敏搖了搖頭。有一個人回答：「用很快的速度擲出去打水漂可以讓石頭浮起來。」張瑞敏深表贊同地點點頭。張瑞敏想透過這個提問讓海爾的管理層明白：排除猶豫、快速行動是企業致勝的關鍵。

西元 1875 年春的一天，美國實業家亞默爾像往常一樣在辦公室裡看報紙，一條條的小標題從他的眼中溜過去。突然，他的眼睛發出光芒，他看到了一條几十個字的時訊：墨西哥可能出現了豬瘟。

他立即想到：如果墨西哥出現豬瘟，就一定會從加利福尼亞、德克薩斯州傳人美國，一旦這兩個州出現豬瘟，肉價就會飛快上漲，因為這兩個州是美國肉食生產的主要基地。

他的腦子正在運轉，手已經抓起了桌子上的電話，問他的家庭醫生是不是要去墨西哥旅行。家庭醫生一時間弄不清什麼意思，滿腦子的霧水，不知怎麼回答。

亞默爾只簡單地說了幾句，就又對他的家庭醫生說：「請你馬上到野餐的地方來，我有要事與你商議。」

原來那天是週末，亞默爾已經與妻子約好，一起到郊外去野餐，所以，他把家庭醫生約到了他們舉行野餐的地方。

他、他的妻子和他的家庭醫生很快聚集在一起了，他滿腦子都是錢，對野餐已經失去了興趣。他最後說服他的家庭醫生，請他馬上去一趟墨西哥，證實一下那裡是不是真的出現了豬瘟。

醫生很快證實了墨西哥發生豬瘟的消息，亞默爾立即動用自己的全部資金大量收購佛羅達州和德克薩斯州的肉牛和生豬，很快把這些東西運到美國東部的幾個州。

不出亞默爾的預料，瘟疫很快蔓延到了美國西部的幾個州，美國政府的有關部門令一切食品都從東部的幾個州運往西部，亞默爾的肉牛和生豬自然在運送之列，由於美國國內市場肉類產品奇缺，價格猛漲，亞默爾抓住這個時機發了一筆大財。在短短的幾個月內，就足足賺了 100 萬美元。

他之所以能夠賺到這樣一大筆別人沒有賺到的錢，就是因為他比別人更懂時機，更能準確地掌握商機，一旦發現商機就果斷出擊、絕不手軟。

商場如戰場，當商機出現的時候，優柔寡斷和瞻前顧後也許能使我們避開風險，但也往往使寶貴的商機從身邊迅速溜走。成功是和機會成正比的，機會一旦來臨，揮舞果斷這把利劍當斷則斷，劈開的也許就是一條成功之路。

一個心動的想法，一個果敢的行動，也許前面就是你人生成功的坦途。

在現實生活中，那些有雄心的人在開始工作時，總是抱著必須取得成功的自信，擁有戰勝一切危險的決心；而沒有雄心的人在動手之時，卻缺乏明確的目標與志向，也沒有那種無論如何必須獲勝的堅強決心做後盾。很顯然，這兩類人的結果和境遇會有很大的差異。

當一個人將自己的全部精力貫注於自己全部生命的大目標時，在把他生命的火光義無反顧地直飛向自己的事業時，他就能產生一種偉大的力量，這種力量簡直是無法抵禦的。

當你能全神貫注於自己克服危機的目標，以至沒有其他因素能使你消極時，你會看不見也遇不到那些「目標不定，意志游移的人所遭遇的」困難與阻礙。你堅毅的雄心會嚇退那些迷惑阻礙你心靈的魔鬼，會撫平許多困難與阻礙。懷疑與恐懼，在如此堅定的靈魂面前早已逃之夭夭。因而一切妨礙勝利的仇敵，被你掃蕩乾淨是何等容易！

凡是那種懷著戰勝一切危險的雄心、抱著一往無前氣概的人，他們不但能引起別人的敬佩，而且還能獲得別人的敬仰。因為人們知道，凡是擁有這種態度的人一般來說會成為一個勝利者。

果斷些，請不要猶豫

世間最可憐的人就是那些尋找保險、舉棋不定、猶豫不決的人，既不會相信自己，也不會為他人所信賴。主意不定和優柔寡斷，實在是一個致命的弱點，犯有此種弱點的人，向來不會是有毅力的人，它足可以破壞一個人的自信心和判斷力，從而直接導致人生的失敗。以項羽為例。項羽的性格特點是沽名釣譽，輕敵自大，寡謀輕信，不善用人，優柔寡斷，又帶有直率的武夫的性格。

說到「力拔山兮氣蓋世」的項羽，在中國可謂無人不曉，他的豪情千年以來一直為人們所仰慕和欣賞。楚霸王自小便學習「萬人敵」，一生英勇無敵。但正因為他優柔寡斷的性格，當斷不斷，才反受其亂，最後兵敗於劉邦，無顏再見江東父老，自刎於烏江。

先哲們就曾說過：「猶豫不決是以無知為基礎的。」這是因為這類人對事物、對工作的處理方式，總是缺乏快速、敏捷地分析與判斷。對工作缺乏全域的理解和判斷，不能審時度勢，不能抓住問題的要害，因而顯得非常沒有效率。因此，英國大文學家莎士比亞說得好：「智慮是勇敢的最大要素。」

有些人的優柔寡斷簡直到了無可救藥的腳步，他們不敢決定任何事情，不敢擔負起應負的責任。而他們之所以這樣，是因為他們不知道事情的結果會怎樣——究竟是好是壞，是凶是吉。他們常常對自己的判斷產生懷疑，不敢相信他們自己能解決重要的事情。當然因為他們的猶豫不決，也使他們自己美好的想法陷於破滅。

有一則故事，說從前西方有位哲學家，年輕的時候，整日埋頭於哲學研究。有一天一位漂亮的姑娘對他說，我想嫁給你。哲人想，我一個人挺好的，要結婚，得讓我想想。於是哲人就猶猶豫豫地思考來比較去地在那裡琢磨。猶豫了十年，然後他對姑娘的父親說，請把你的姑娘嫁給我。姑娘的父親說：「親愛的先生，你來得太遲了。我的女兒已是三個孩子的媽媽了。」哲人回家後，後悔不已，結果就鬱悶而亡。臨死的時候，他焚掉所有的書稿，只留下兩句話 —— 前半生不猶豫，後半生不後悔。

躊躇不決，幾乎是每個人都必須克服的共同敵人。有人曾將 2,500 位遭受失敗的男女加以分析，曾經揭開一件事實，即：「躊躇不決」在失敗的 31 項重大因素中，名列前茅。

可在現實生活中，不管是大事還是小事，我們中的大多數人卻總是喜歡躊躇不決。其實機會總是稍縱即逝的，等到猶猶豫豫決定好以後，一切已是物是人非、滄海桑田了。西方人總提倡「try it」，（試一試），有人將它譯成「踹一踹」那扇通向成功的大門，如果你不踹它一踹，總以為它是關著的，難以逾越的，在門前徘徊猶豫，虛度光陰，還不如勇敢地伸出你的右腳，毫不猶豫地踹它一腳，也許這扇大門就敞開了，也許這扇大門本身就是虛掩著的，關閉只是它的表像。

一個人的成功與果斷決策的能力有著密切的關係。如果沒有果斷決策的能力，那麼我們的一生，就像深海中的一葉孤舟，永遠漂流在狂風暴雨的汪洋大海裡，永遠達到不成功的目的地。

某大學業務員前去拜訪一位房地產經紀人，想把《推銷與商業管理》課程介紹給這位房地產商人。

這位業務員到達房地產經紀人的辦公室時，發現他正在一架古老的打字機上打著一封信。這位業務員先自我介紹，接著介紹所推銷的課程。那位房地產商人聽得津津有味。聽完之後，卻遲遲不表示意見。

這位業務員只好單刀直入了：「你是否想參加這個課程？」這位房地產商人無精打采的回答說：「唉呀！我自己也不知道是否想參加。」

他說的是實話，因為像他這樣難以迅速作出決定的優柔寡斷的人有許多。

這位對人性有透徹認識的業務員，這時候站起身來，準備離開。但接著他採用了一種多少有點刺激的談話技術。他的話讓房地產商大吃一驚。

「我決定向你說一些你不喜歡聽的話，但這些話可能對你很有幫助。先看看你工作的辦公室，地板髒得嚇人，牆壁上全是灰塵。你現在所使用的打字機看來好像是大洪水時代諾亞先生在方舟上所用過的。你的衣服又髒又破，你臉上的鬍子也未刮乾淨，你的眼光告訴我你已經被打敗了。」

「在我的想像中，在你家裡，你太太和你的孩子穿得也不好，也許吃得也不好。你的太太一直忠實地跟著你，但你的成就並不如她當初所希望的。在你們剛結婚時，她本以為你將來會有很大的成就。」

「請記住，我現在並不是向一位準備進入我們學校的學生講話，即使你用現金預繳學費，我也不會接受。因為，如果我接受了，你將不會擁有去完成它的進取心，而我們不希望我們的學生當中有人失敗。」

「現在，我告訴你你為何失敗。那是因為優柔寡斷的你沒有做出一項決定的能力。在你的一生中，你一直養成一種習慣：逃避責任，無法做出決定。錯過了今天，即使你想做什麼，也無法辦得到了。」

「如果你告訴我，你想參加這個課程，如果不想，或者你不想參加這個課程，那麼，我會同情你。因為我知道，你是因為沒錢才如此猶豫不決。但結果你說什麼呢？你承認你並不知道你究竟參加或不參加。你已養成逃避責任的習慣，無法對影響到你生活的所有事情做出明確的決定。」

這位房地產商人呆坐在椅子上，下巴往後縮，他的眼睛因驚訝而膨脹，但他並不想對這些尖刻的指控進行答辯。這位業務員道聲再見，走了出去，隨後把房門輕輕關上。但卻隨即再度把門打開，走了回來，帶著微笑在那位吃驚的房地產商人面前坐下來，又說：「我的批評也許傷害了你，但我反而是希望能夠觸怒你。現在讓我以男人對男人的態度告訴你，我認為你很有智慧，而且我確信你有能力。你不幸養成一種令你失敗的習慣。但你可以再度站起來。我可以扶你一把，只要你原諒我剛才所說過的那些話。你並不屬於這個小鎮。這個地方不適合從事房地產生意。趕快替自己找套新衣服，即使向人借錢也要買來。我將介紹一個房地商人和你認識，他可以給你一些賺大錢的機會，同時還可以教你有關這一行業的注意事項，你以後投資時可以運用。你願意跟我來嗎？」

聽完這些話那位房地產商人竟然抱頭哭起來。最後，他努力地站了起來，和這位業務員握握手，感謝他的好意，並說他願意接受他的勸告，但要以自己的方式去進行。他要了一張空白的報名表，答應報名參加《推銷與商業管理》課程，並且先交了頭一期的學費。

三年以後，這位去掉了優柔寡斷弱點的房地產商人開了一家擁有60名業務員的公司，成為最成功的房地產商人之一。

該斷就斷，絕不猶豫。如果優柔寡斷，就難以適應激烈的市場競爭。市場競爭無比殘酷，甚至你死我活，只有擁有相當的魄力才能殺出一條血路。面對機會，要能馬上有清醒的認識，迎頭趕上；面對突然的變故，要能迅速拿出強硬的手段應對，扭轉形勢，轉危為安。做出一個決定也許只需要幾分鐘的時間，往往抓住了這幾分鐘，採取了及時得當的措施，你就能邁進一大步；如果不能抓住這幾分鐘，就只能眼睜睜地看著良機錯失，後悔不迭了。

世界上的幸運和倒楣往往與果斷地抓住機會有關。人不能夠一味追求完美，完美主義會讓我們在做不到的時候，感到自卑，從而放棄自己。因此我們一定要從根本上克服猶豫不決、優柔寡斷弊病。

先做後說是一種美麗的行為

人生所有的設想和計畫只有付諸於行動才會有可能變為現實，不管是多麼偉大的構想，如果不做就不會給自己和他人帶來什麼收穫，所以，人生的關鍵就是行動。

先做，然後才能知道能不能實現自己的計畫，因為在做的過程中才能發現問題，才能知道困難有多大，也才能具體的去尋找解決的辦法。最後才能把想的東西變為實際存在的東西。

先做，才有發言權，沒有做過什麼事情的人是不知道事情的艱難，也不會有什麼經驗可談的，要談也是空洞地談，沒有什麼實際的內容。做過了事情就會累積一定的經驗，就會有話要說，就不會說空話，說出來的話才有說服力。

先做後說是一種良好的習慣，培養這種習慣，就會使你的人緣建立在可信可靠的基礎上，你就會受到別人的喜愛；先做後說是一種美麗的行為，培養這種習慣，就會使你在做事的天平上增加了行動的砝碼，會讓你走向成功。

高樓大廈是由一磚一瓦壘起來的，萬里長征是一步一步走過來的，所有的大事業都是由小事情一點一點發展起來的。生活或工作中，有些人就是看不見小事情，不願意做小事，總想做一番轟轟烈烈的大事，可是一直沒有大事讓他展現自己的才能，所以，常常感嘆英雄無用武之地。其實這都是眼高手低，大事做不來，小事又不做的壞習慣。

你要想人生有所作為，走向成功，就必須培養從小事做起的習慣。

有一個很有才華的人，整天想著要寫一本世界名著，看不上寫豆腐塊的小文章，結果，多年過去了，名著沒寫出來，小文章也沒有，白白地讓滿腹才華失去了表現機會。

相反，另一個人才能一般，但是多年來，一直寫小文章，積少成多，由小變大，最後，著作等身，收穫頗豐，成功實現了自己的理想。

兩種人生，兩種不同的結果，告訴我們：人生就是從小事上起步的，人生的豐碑就是由這些小事雕刻出來的。

當我們決定一件大事時，心裡一定會很矛盾，都會面對到底要不要做的困擾。下面的實例是一個年輕人的選擇，他終於大有收穫。

傑米先生是個普通的年輕人，大約二十幾歲，有太太和小孩，收入並不多。

他們全家住在一間小公寓裡，夫婦倆都渴望有一套自己的新房子，他們希望有較大的活動空間、比較乾淨的環境、小孩有地方玩，同時增添一份資產。

買房子的確很難，必須有錢支付分期付款的頭款才行。有一天，當他簽發下個月的房租支票時，突然很不耐煩，因為房租跟新房子每月的分期付款差不多。

傑米跟太太說：「下個禮拜我們就去買一套新房子，你看怎樣？」

「你怎麼突然想到這個？」她問，「開玩笑！我們哪有能力！可能連頭款都交不起！」

但是他已經下定決心：「跟我們一樣想買一套新房子的人們大約有幾十萬，其中只有一半能如願以償，一定是什麼事情使他們打消這個念頭。我們要想辦法買一套房子。雖然我現在還不知道怎麼湊錢，可是一定要想辦法。」

下個禮拜他們真的找到了一套兩人都喜歡的房子，樸素大方又實用，頭款 1,200 美元。現在的問題是如何湊夠 1,200 美元。他知道無法從銀行借到這筆錢，因為這樣會妨害他的信用，使他無法獲得一項關於銷售款項的抵押借款。

可是皇天不負有心人，傑米突然有了一個靈感，為什麼不直接找承包商談談，向他私人貸款呢？他真的這麼做了。承包商起先很冷淡，但由於傑米一直堅持，他終於同意了。他同意傑米把 1,200 美元的借款按月交還 100 美元，利息另外計算。

現在傑米要做的是，每個月湊出 100 美元。夫婦兩個想盡辦法，一個月擬省下 25 美元還有 75 美元要另外設法籌措。

這時傑米又想到另一個點子。第二天早上他直接跟老闆解釋這件事，他老闆也很高興他要買房子了。

傑米說：「T 先生（就是老闆），你看，為了買房子，我每個月要多賺 75 元才行。我知道，當你認為我值得加薪時一定會加，可是我現在很想賺點錢。公司的某些事情可能在週末做更好，你能不能答應我在週末加班，有沒有這個可能呢？」

老闆對於他的誠懇和雄心非常感動，真的找出許多事情讓他在週末工作 10 小時，他們因此歡歡喜喜地搬進了新房子。

傑米的成功就在於他認準了目標就行動，不想那麼多，在做的過程中，遇到問題，解決問題，結果，就實現了自己的目的。

如果只說不做，就可能一直等下去，就不會有這個結果。

在社會生活中，我們都會有理想，都希望能夠改變自己的生活，但是真正為這個理想去實踐去做的人實在是太少了。我們把問題看得太嚴重了，把困難想像的太大了，因而還沒有做以前，就自己把自己否定了。

其實，只要去做，困難可能肯定不會少，但是，解決困難的辦法同時也不會少，而且天無絕人之路，在做的過程中，你總是會找到辦法的。

第 6 章
分清主次，將時間用在有價值的地方

當代管理學之父彼得．杜拉克（Peter Drucker）說過：「做事必須分清輕重緩急。最糟糕的是什麼事都做，但都只做一點，這必將一事無成。」個人的時間和精力是有限的，因此在時間管理上我們必須有選擇，先把重要的大事處理好，待有餘力才去做不重要的小事。要有所不為，才能有所為。但是事業生活中的失敗者，卻向來搞不明白做事要分先後、分清輕重緩急這個顛撲不破的真理。

先做最重要的事情

工作中，並非所有的拖延者都是不負責任、懶散懈怠的人；相反，在拖延者中，有相當一部分的年輕人工作勤勤懇懇。他們之所以拖延，是因為他們分不清工作的輕重緩急，弄不清自己該先去做些什麼，時而做做這，時而做做那，結果是什麼都沒做成。

對於這樣的年輕人來說，在所有他要做的工作裡，他很難說出一個「不」字，因為他分辨不清楚一件事情是重要還是不重要。不管碰到任何事情，他都會付出相似的時間和精力。而結果是，他總是有著太多的事情需要做；但卻沒有辦法完成，所以他只好不斷地拖延。

的確，工作需要章法，不能眉毛鬍子一把抓，要分輕重緩急！這樣才能一步一步地把工作做到位，避免拖延。

工作的一個基本原則是：把最重要的事情放在第一位。許多人通常不知道把工作按重要性排隊。他們以為每項任務都一樣重要，只要時間被工作填得滿滿的，他們就會很高興。然而懂得安排工作的人卻不是這樣的，他們通常會按重要性順序去展開工作，將要事擺在第一位。

要事第一，就是先做最重要的事情。這也是做事的一個基本原則。一個優秀的年輕人非常明白輕重緩急的道理的，他們在處理一年或一個月、一天的事情之前，總是按分清主次的辦法來安排自己的工作。因此，開始做事之前，他們總要好好地安排工作的順序，謹慎地做好這件事。

劉麗是某私企經理祕書，幾年前剛進公司時，劉麗還脫不了「學生氣」，做事總分不清主次，每次經理布置工作時，她都認真記錄，可到具體執行時便因種種原因「走樣」：不是丟三落四，就是缺東少西。

有一次經理出差，臨走前讓劉麗起草一份重要的發言報告，以備他一週後回來開會用。劉麗認為時間很充裕，可以慢慢準備。其後幾天，劉麗只顧忙著處理其他日常事務。轉眼到了第六天，劉麗突然想到，經理第二天就要回來了，可報告還沒開始動筆，不巧的是，劉麗這天的事情又特別多，上午要替經理參加朋友的開業慶典，下午又要接待已提前預約的客戶。

等一切處理妥當，已臨近下班，劉麗只好準備回家連夜趕寫報告。當劉麗坐到電腦前開始寫報告時，卻突然發現，有些背景資料忘記帶回家了，這可怎麼辦？第二天，劉麗只好一早就衝到辦公室狂趕報告，總算在經理上班前勉強把報告寫完了。

開完會後，經理把劉麗叫到辦公室，開門見山地質問她這一個星期的工作狀況，然後嚴肅地說：「你有一個星期的時間，為什麼交出這樣沒水準的報告，甚至還有一大堆錯字？」劉麗這才意識到事情的嚴重性，便老老實實地講述了報告的完成過程，等著被「炒魷魚」。不料，經理長嘆一聲說：「你們這些剛畢業的年輕人，有熱情但不夠成熟，做事情完全分不清主次先後。」隨後，經理一筆一畫在白紙上寫下十個字：「要事第一，要務優於急務」，他語重心長地告訴劉麗：「祕書的工作很瑣碎，但是一定要分清主次，才能把工作做好。」

經理的一席話，讓劉麗茅塞頓開。從那以後，她抱著「要事第一」的原則，做事前先安排好順序，忙而不亂，最後受到了經理的表揚。

要事第一的觀念如此重要，但卻常常被我們遺忘。我們必須讓這種重要的觀念成為一種工作習慣，每當一項新工作開始時，都必須首先讓自己明白什麼是最重要的事，什麼是我們應該花最大精力重點去做的事。

然而，分清什麼是最重要並不是一件容易的事，工作中，我們常犯的一個錯誤就是將緊急的事情視為重要的事情。

其實，緊急只是意味著必須立即處理，比如電話鈴響了，儘管你正忙得焦頭爛額，也不得不放下手邊的工作去接聽，它們通常會給我們造成壓力，逼迫我們馬上採取行動，但它們卻不一定很重要。

那麼，什麼才是重要的事情呢？通常來說，重要的事情應是那些與實現公司和個人目標有密切關聯的事情。

根據緊迫性和重要性，年輕人可以將每天面對的事情分為四類：重要而且緊迫的事；重要但不緊迫的事；緊迫但不重要的事；不緊迫也不重要的事。

在工作中，只有積極合理高效地解決了重要而且緊迫的事情，年輕人才有可能順利地完成其他工作；而重要但不緊迫的事情則要求我們應具有更多的主動性、積極性、自覺性，早做準備，防患於未然。剩下的兩類事或許有一點價值，但對完成工作沒有太大的影響。

效益比效率更重要

從投資的角度來看，棉花與黃金的價值可謂天壤之別。如果從時間管理的視角來分析，棉花和黃金分別代表了兩種工作，前者是投入低、回報低的工作，而後者則代表高投資、高收益的工作。在工作中，很多人都會選擇棉花而放棄黃金，這是一種悖謬常規的做法。恰恰我們應該挑起黃金，而捨棄棉花。

當棉花與黃金同時出現在眼前的時候，即便意識到黃金的價值所在，可是在實施「拾」這個過程中，很多人卻奇怪地選擇了棉花，這是為什麼呢？

答案很簡單，拾起棉花相對輕鬆，可以說不費吹灰之力便可完成，相當有成就感。而拾起黃金這個動作，會花費更大的力氣，所以耗費時間會很長，雖然嚮往黃金，卻抵禦不了棉花的輕鬆。

一個沿海小鎮上的所有村民靠打魚為生，他們日出而作、日落而息。為了調劑生活，小鎮每年都會舉行釣魚比賽。今年比賽的冠軍又是老王，老王已經連續三年奪得冠軍寶座了。不只如此，每年比賽，大家魚簍裡的魚都是又瘦又小的，只有老王魚簍裡的魚，必定是又大又肥。

老王為什麼總能釣到那些又肥又大的魚呢？這是每年比賽之後，每家每戶都會議論的談資，他們都想向老王取經。今年比賽過後，全鎮的村民把老王圍住，非得問出個究竟，只聽有人喊道：「老王啊！你看你釣魚那麼厲害，是怎麼做到的啊？」

聽到這個問題，老王憨憨地笑笑，回答：「不知道誰說過這樣一句話『放棄與 30 條 100 斤的魚合影，而應該去選擇與一條 3,000 斤重的魚合影』，在釣魚的時候我只有一個訣竅，就是選擇大目標，尋找大魚，這樣我的魚才又大又肥。」

老王說完，村民們都紛紛表示：「找又大又肥的魚，就這麼簡單？」

老王說：「是啊！你們釣魚的技藝都很好，但是不會選擇目標，僅此而已。」

在做事的時候，我們常常不會選擇目標，總是在棉花和黃金中躊躇。案例中的老王給了我們一個很好的方向，無論做什麼事情，選擇目標有著非常重要的作用。「棉花」和「黃金」代表的是兩種概念，前者代表效率，而後者代表效益。

讀到這裡，你肯定會產生疑問，這「效率」和「效益」不是一回事嗎？在這裡我要告訴你，雖然二者只有一字之差，但是卻有它們之間著天壤之別。

效率代表的是量，凡事我完成了即是效率；效益除了量，更涵括了質和價值。回到案例中，村民們釣魚只是追求效率，能多釣一條是一條，多多益善。而老王則在創造效率的基礎上追求質的飛躍，選擇大魚正是一種追求價值的體現。

在做事的時候，你是在追求效率還是效益呢？如果單純地追求效率，你不僅不會在自己的工作崗位上有所建樹，長此以往更有被工作牽著鼻子走的可能。

我們之前幫助大家總結了：棉花是那些投入低、回報低的工作，而黃金是高投資、高收益的工作。那麼在工作中，我們應該怎樣處理「棉花」與「黃金」呢？

很多「棉花」是那些根本沒有實施必要的工作，多是不得不做的瑣碎工作，在處理這種工作的時候，我們可以採取一些措施來避免拖慢自己的效率，最有效的三個方法就是將其簡化、不置可否、選擇放棄，這三種方法都是節省時間的良策，更是創造高效的三大利器。

黃金性事務是價值與效益的體現，所以在從事這種事務的時候我們可以試著採取集中精力、分散目標、放寬期限等方法。不要誤以為「集中精力」和「分散目標」是相矛盾的，前者強調的是對目標的高度集中，而後者則是將大目標逐一分解為小目標的方式來完成黃金性事務。

當然挑起黃金的過程是需要遵循一定步驟的，我們應該怎樣挑起黃金呢？那就要從目標出發，做到以下兩步：一是確定目標、二是執行目標。

相信在求學階段，你一定會設立目標。工作也需要目標，沒有目標怎麼能工作呢？你所確定的工作目標必須實際，切忌去確定那些在實施起來會困難重重的目標，這是一種對工作、也是對自己極度不負責任的表現。這就要求我們在制定目標的時候要結合兩大要素：目標值和現有資源，前者是工作完成的指標，後者是說明目標完成的有利保障。

執行目標需要我們有強烈的執行力，周詳的工作計畫、充分的工作準備、充足的工作時間，四項缺一不可。此外還要有自制力，這是保證工作不會被拖延的一大法寶。

在工作中我們必須停止揀「棉花」的行為，而真正去做那些黃金性事務，永遠記住：那些黃金性事務才會助你獲得高效益。

有條理有秩序地做事

培根有這麼一句話：敏捷而有效率地工作，就要善於安排工作的次序，分配時間和選擇要點。只是要注意這種分配不可過於細密瑣碎，善於選擇要點就意味著節約時間，而不得要領地瞎忙等於亂放空炮。

一位企業家曾談起了他遇到的兩種人。

有個性急的人，不管你在什麼時候遇見他，他都表現得風風火火的樣子。如果要與他談話，他只能拿出數秒鐘的時間，時間長一點，他會伸手把表看了再看，暗示著他的時間很緊張。他公司的業務做得雖然很大，但是開銷更大。究其原因，主要是他在工作安排上七顛八倒，毫無秩序。他做起事來，也常為雜亂的東西所阻礙。結果，他的事務是一團糟，他的辦公桌簡直就是一個垃圾堆。他經常很忙碌，從來沒有時間來整理自己的東西，即便有時間，他也不知道怎樣去整理、擺放。

另外有一個人，與上述那個人恰恰相反。他從來不顯出忙碌的樣子，做事非常鎮靜，總是很平靜祥和。別人不論有什麼難事和他商談，他總是彬彬有禮。在他的公司裡，所有員工都寂靜無聲地埋頭苦幹，各樣東西安放得也有條不紊，各種事務也安排得恰到好處。他每晚都要整理自己的辦公桌，對於重要的信件立即就回覆，並且把信件整理得井井有條。所以，儘管他經營的規模要大過前述商人，但別人從外表上總看不出他有一絲一毫慌亂。他做起事來樣樣辦理得清清楚楚，他那富有條理、講求秩序的作風，影響到他的全公司。於是，他的每一個員工，做起事來也都極有秩序，一片生機盎然之象。

你工作有秩序，處理事務有條有理，在辦公室裡絕不會浪費時間，不會擾亂自己的神智，辦事效率也極高。從這個角度來看，你的時間也一定很充足，你的事業也必能依照預定的計畫去進行。

廚師用鍋煎魚不時翻動魚身，會使魚變得爛碎；相反地，如果只煎一面，不加翻動，將黏住鍋底或者燒焦。

最好的辦法是在適當的時候，搖動鍋子，或用鏟子輕輕翻動，待魚全部煎熟，再起鍋。

不僅是烹調需要祕訣，就是做一切事都得如此。當準備工作完成，進行實際工作時，只須做適度的更正，其餘的應該讓它有條不紊、順其自然地發展下去。

人的能力有限，無法超越某些限度，如果能對準備工作盡量做到慎重研究、檢討的地步，至少可以將能力作更大的發揮。

今天的世界是思想家、策劃家的世界。唯有那些辦事有秩序、有條理的人，才會成功。而那種頭腦昏亂，做事沒有秩序、沒有條理的人，成功永遠都和他擦肩而過。

有一個商人，在小鎮上做了十幾年的生意，到後來，他竟然失敗了。當一位債主跑來向他要債的時候，這位可憐的商人正在思考他失敗的原因。

商人問債主：「我為什麼會失敗呢？難道是我對顧客不熱情、不客氣嗎？」

債主說：「也許事情並沒有你想像得那麼可怕，你不是還有許多資產嗎？你完全可以再從頭做起！」

「什麼？再從頭做起？」商人有些生氣。

「是的，你應該把你目前經營的情況列在一張資產負債表上，好好清算一下，然後再從頭做起。」債主好意勸道。

「你的意思是要我把所有的資產和負債項目詳細核算一下，列出一張表格嗎？是要把門面、地板、桌椅、櫥櫃、窗戶都重新洗刷、油漆一下，重新開張嗎？」商人有些納悶。

「是的，你現在最需要的就是按你的計畫去辦事。」債主堅定地說道。

「事實上，這些事情我早在 15 年前就想做了，但是一直沒有去做。也許你說的是對的。」商人喃喃自語道。後來，他確實按債主的主意去做了，在晚年的時候，他的生意成功了！

做事沒有計劃、沒有條理的人，無論從事哪一行都不可能取得成績。一個在商界頗有名氣的經紀人把「做事沒有條理」列為許多公司失敗的一個重要原因。

先從最容易的事情做起

先從最容易、最有把握的事情做起，這是一個提高工作效率的重要方法。先做最有把握的事情，就好像是果農在摘果子的時候，先摘好的果子。這並不意味著投機取巧，避重就輕。而先做最有把握的事情，這是一個循序漸進的過程，由易到難地做事，自己的心裡對這個過程就會變得越來越熟悉，所以在困難越來越大的時候，我們也能夠沉著應付，而不失方寸。並且在我們摘取了一定數量的好果子之後，內心當然也就會建立起一種自信，「我一定可以把目標實現」，這樣就能夠讓我們在以後的工作當中，能夠扛得起相當的重任。

如果一上來就開始做最困難的事情，將會很容易遭受失敗。例如，把一項巨大的任務交給剛剛進入一家公司的新手，他可能經常會無法一下子就把問題做好的。只有在他累積了豐富的經驗之後，才能夠順利完成任務。

而每一個剛從事某一領域工作的新人，都是先從身邊的小事做起的。在之後的工作過程中，他們也是從最容易能夠入手的地方開始，這不僅是一個條理清晰的過程。

我們都知道，很多舉重運動健將在練習舉重之初，一般都是先從他們舉得動的重量開始，經過一段時間之後，才慢慢增加重量。

優秀的拳擊經理人，都是為自己的拳師先安排較容易對付的對手，在其累積了一定的實戰經驗之後，才逐漸地使他和較強的對手交鋒。

先做好最有把握的事情，這一原則可以應用到任何一個地方，無論做什麼工作，只要我們先從一個容易成功的目標開始，逐漸推展到較為困難的工作，往往會比一開始就是從事高難度的工作成功機率要高許多。

即使你現在在某一領域已經培養出高度的技巧，稍加抑制一下自己貪功冒進的欲望，先做最有把握的事情有時也是非常有用的。

你應該把自己的目光稍微放低一些，以一種輕鬆的心情去把最有把握的事情做好，這樣就能夠增強你的信心。

查斯特．菲爾德博士曾經說：「從一個容易成功的目標開始，成功就顯得容易了。」

曾經有一次，李剛為股票經紀人劉軍的經紀公司提供諮詢服務，當李剛對銷售資料進行分析後，他得出了一系列的結論，接下來李剛覺得應該將自己的這些他發現和該公司後勤部門的高級主管進行一番溝通。於是，李剛便安排了一個有後勤部門和企業其他部門（如銷售、交易、研究等）長官參加的會議。

由於李剛已經銅鼓之前的資料，他知道了該公司日常管理中所存在的一些問題，主要是時間管理存在問題，沒有將時間利用好，公司運行低效。所以李剛便直截了當地提出了他的發現。他的意見就重錘一樣給了這些非常有經驗的經紀人一擊。最後，李剛幫助該公司建立了一套完善的時間規劃，讓該公司逐漸走上了高效的快車道。

李剛的這個說明會其實產生了兩個效果。第一，它使那些當初對李剛的出現不以為然的主管們確信，他們是有問題的，而李剛則可以幫助他們解決。

第二，由於李剛提出了自己的發現，他們對李剛的意見的態度也是急劇改變，這使得李剛下一步的工作容易了許多。

在會議之前，李剛有點像覬覦劉軍的企業的不通世事的MBA。會議之後，李剛成了幫助劉軍解決問題的人。

就這樣，透過先做最有把握的事，李剛獲得了客戶的信任和支援，使得客戶更有熱情了，也讓自己的工作更容易了，也使得自己變得更加快樂了。

做事之前一定要有計劃

凡事要有計劃，這些計畫要寫在紙上，不要只是在腦子裡想。要從現實出發，利用現有的資源、技能來策劃和計畫每件事。

這個方法聽起來簡單，但往往被多數人所忽視。在實踐中並沒有按照這個方法來做事。

計畫是指在做事之前從宏觀上來考慮這件事應達到的目標，應付出的代價，所需要的各種資源，如人脈關係、本人具有的能力、經驗、資金等，還包括在辦一件事之前必須提前準備好的辦事的各個程序和詳細步驟。

做事之前一定要有計劃，而且要詳盡，一定要寫在紙上，才能達到事半功倍的效果。我們在生活中，經常看到兩種人，一種人是整天忙忙碌碌，一天到晚「滿頭汗」地做事，他們甚至會忙得沒時間洗臉，沒時間把頭髮梳理整齊，衣服穿得亂七八糟，吃飯也沒時間，也沒時間陪伴孩子和妻子，但他的成就卻不大。

另一種人也很忙碌，但辦事有章有法，有節奏。無論什麼時候你見到他，你都能看到他衣著整齊乾淨，甚至會有一些時間喝茶，陪孩子玩遊戲，但他的業績卻是驚人的。這兩種人的區別就在於做事之前有沒有很好的計畫。

計畫是實現目標的唯一手段。所謂「一等人計畫明天的事，二等人處理現在的事，三等人解決昨天的事」，養成事前計畫的習慣，確實是所有出色人士的共同特色。在企業界有這樣一句名言：在計畫上多花一分鐘，執行時便可節省 10 分鐘。這句話適用於每個人，事前良好地計畫，加上養成按照計畫執行的紀律，通常可以在最短的時間內完成目標，因此可以說計畫是實現目標最重要的工具。

人的一生需要一個整體規劃，人生中的每一階段也需要分別具體規劃。如果你能做到規劃一生，那麼，你必將成功一生。

有目標，人生才不會盲目；有追求，人生才會有動力；有策劃，人生才會與成功有約。人的一生需要一個整體策劃，人生中的每一階段也需要各個具體策劃。如果你能做到策劃一生，那麼你必將成功一生。

臨近中學畢業之際，比爾．拉福就立志經商。他的父親是洛克斐勒集團的一名高級主管人員，在商界摔打了很多年，對經商事務瞭若指掌，深諳其中奧妙。

父親的薰陶使年少的拉福也一心渴望做一位生意人。他的父親也已經發現兒子有商業天賦，機敏果斷，勇於創新；但同時也感到兒子受的磨練太少，沒有知識，更缺乏經驗。

於是，拉福父子進行了一次長談，共同制訂計畫，描繪人生的藍圖。

拉福聽從了父親的勸告，升大學時並沒有直接去讀貿易專業，而是選了工科中最基礎、最普通的專業——機械製造。這招棋很絕妙，因為做商業貿易的人必須具備一定的專業知識，在貿易中，工業商品占據了絕大多數，如果不了解產品的性質和生產製造的情況，就很難保證做貿易業務能取得成功。而且，工科學習不僅能夠培養知識技能，還有助於使人建立起一套嚴謹求實的思維體系，訓練人的分析、推理能力，使人對工作具有一種腳踏實地的態度。

就這樣，比爾．拉福在麻省理工學院度過了 4 年大學學習。當然，他並沒有局限於學習本專業知識，還廣泛接觸對經營商業貿易很有用的其他課程。

大學畢業後，拉福沒有立即進入商海，而是按照原先的計畫，開始攻讀經濟學的碩士學位。在芝加哥大學為期 3 年的經濟課程學習期間，他掌握了經濟學的基本知識，深入了解了經濟規律，並特意認真學習了經濟法律。與此同時，他沒有把主要精力用來研究理論經濟學課程，而是側重於學習微觀經濟活動及管理知識，尤其對財務管理較為精通。

這樣，幾年下來，拉福就在知識方面完全具備了經商本質。

令人意外的是，拉福在拿到碩士學位後，居然沒有立即投身商海，而是做了國家公務員，去政府工作。他為什麼會作出這種「意外」的選擇呢？

原來，他的父親——那位老謀深算的商業活動家深知，經商必須具有很強的社會交往能力，人際關係在商業活動中異常重要；要想在商業上獲得成功，就必須充分了解人的心理特徵，熟悉處世規則，善於與人交往，給人留下良好印象，使人信任自己、願意與自己進行合作。這些能力，在任何學校裡都是學不到的，只有在社會上、在工作中才能鍛鍊出來，而鍛鍊的最佳去處就是政府部門。在複雜的政府部門裡，為人處世都要格外小心謹慎。

拉福在政府部門一做就是 5 年，其間他從一個稚嫩的熱血青年成長為一名世故、老成、圓滑、不動聲色的公務員，並結識了一大批各界人士，建立起屬於自己的一套關係網路。

5 年的政府工作結束後，拉福已經具備了成功商人所需的各種條件，羽翼逐漸豐滿。於是，他決定辭職下海，去了父親為他引薦的通用公司熟悉業務。

此後，過了兩年，拉福熟練掌握了商業運作技巧，成績斐然。這時候，他不願再耽誤更多時間，婉言謝絕了通用公司高薪挽留，跳出來自創了拉福商貿公司，開始了夢寐以求的商業計畫。

由於拉福的準備工作太充分了，所以他的生意進展堪稱神速。20 年後，拉福公司的資產從最初的 20 萬美元發展到 2 億美元；拉福本人也躋身於受人尊敬的成功商人之列。

1994 年 10 月，拉福率團到中國進行商業考察，在北京長城飯店接受記者採訪時，他談起了自己的經歷。他認為，自己的成功應感謝父親的指導，正是因為父親幫他策劃、設計了一個重要的人生規劃方案，才使他最終功成名就，一生無憂。

根據拉福的述說，這個人生方案的策劃軌跡，如下所示：

工科學習，工學學士 —— 經濟學學習，經濟學碩士
到政府部門工作，鍛鍊處世能力，熟悉並建立人際
關係 —— 大公司工作，熟悉商業環境 —— 獨立創
辦公司，開展經營業務 —— 發展事業，創造財富。

這個人生方案策劃的成功之處在於：脈絡清晰，步驟合理，充分考慮了個人興趣、個人本質，著重突出了職業技能的培養。有了這個方案，加上拉福的堅持不懈的努力，他人生的成功就變得順理成章了。

有這樣一句發人深省的話：你今天站在哪裡並不重要，但是你下一步邁向哪裡卻很重要。當人們站在十字路口茫然不知所措的時候，多麼希望有人來指點迷津；當人們舉棋不定、環顧左右而難以決斷的時候，多麼希望有人來助上一臂之力。

正確、合理、行之有效的計畫部署就是這樣一個超人，能夠將前進路上的風險減到最低限度。

有這樣一個關於四隻蟲子的故事：

蟲子都喜歡吃蘋果，這天，有四隻非常要好的蟲子一起去森林裡找蘋果吃。

第一隻蟲子跋山涉水，終於來到一株蘋果樹下。牠根本就不知道這是一棵蘋果樹，當然也不知道樹上長滿了紅紅可口的東西就是蘋果。於是，當牠看到其他蟲子往上爬時，自己也就稀裡糊塗地跟著往上爬。沒有目的，也沒有終點，更不知自己到底想要哪一種蘋果，也沒想過怎樣去摘取蘋果。

它的最後結局呢？也許找到了一個大蘋果，幸福地生活著；也可能在樹葉中迷了路，過著悲慘的生活。不過可以確定的是，大部分蟲子都是這樣活著的，沒想過什麼是生命的意義，為什麼而活著。

第二隻蟲子也爬到了蘋果樹下。牠知道這是一棵蘋果樹，也確定牠的「蟲」生目標就是找到一個大蘋果。但牠並不知道大蘋果會長在什麼地方？牠猜想：大蘋果應該長在大枝葉上。於是牠就慢慢地往上爬，遇到分枝的時候，就選擇較粗的樹枝繼續爬。於是牠就按這個標準一直往上爬，最後終於找到了一個大蘋果。這隻蟲子剛想高興地撲上去大吃一頓，但是放眼一看，牠發現這個大蘋果是全樹上最小的一個，上面還有許多更大的蘋果。更令牠洩氣的是，要是牠上一次選擇另外一個分枝，牠就能得到一個大得多的蘋果。

第三隻蟲子同樣到了一棵蘋果樹下。這隻蟲子知道自己想要的就是大蘋果，並且研製了一副望遠鏡。還沒開始爬時就利用望遠鏡搜尋了一遍，找到了一個很大的蘋果。同時，牠發現當從下往上找路時，會遇到很多分支，有各種不同的爬法；但若從上往下找路時，卻只有一種爬法。牠很細心地從蘋果的位置，由上往下反推至目前所處的位置，記下這條確定的路徑。於是，牠開始往上爬了，當遇到分支時，牠一點也不慌張，因為牠知道該往哪條路走，而不必跟著一大堆蟲去擠破頭。比如說，如果牠的目標是一個名叫「教授」的蘋果，那應該爬「深造」這條路；如果目標是「老闆」，那應該爬「創業」這分支。最後，這隻蟲子應該會有一個很好的結局，因為牠已經有自己的計畫。但是真實的情況往往是，因為蟲子的爬行相當緩慢，當牠抵達時，蘋果不是被別的蟲子捷足先登，就是蘋果已熟透而爛掉了。

第四隻蟲子可不是一隻普通的蟲，做事有自己的規劃。牠知道自己要什麼蘋果，也知道蘋果怎麼長大。因此當牠帶著望遠鏡觀察蘋果時，牠的目標並不是一個大蘋果，而是一朵含苞待放的蘋果花。牠計算著自己的行程，估計當牠到達的時候，這朵花正好長成一個成熟的大蘋果，牠就能得到自己滿意的蘋果。結果牠如願以償，得到了一個又大又甜的蘋果，從此過著幸福快樂的日子。

從這四隻蟲子吃蘋果的經歷，不難得出結論。第一隻蟲子是只毫無目標、一生盲目、沒有自己人生計畫的糊塗蟲，不知道自己想要什麼。遺憾的是，很多人都像第一隻蟲子那樣活著。

第二隻蟲子雖然知道自己想要什麼，但是牠不知道該怎麼去得到蘋果，在習慣中的正確標準指導下，牠做出了一些看似正確卻使牠漸漸遠離蘋果的選擇。而曾幾何時，正確的選擇離牠又是那麼接近。

第三隻蟲子有非常清晰的人生計畫，也總是能做出正確的選擇，但是，牠的目標過於遠大，而自己的行動過於緩慢，成功對牠來說已經是明日黃花。機會、成功不等人。同樣，人生也極其有限，必須認真把握，而單憑個人的力量，也許一生勤奮，也未必能找到自己的蘋果。如果制定一個適合自己的計畫，並且充分借助外界的力量，借助許許多多類似於「望遠鏡」之類的人，那麼，人生的「蘋果」也許會好吃得多。

第四隻蟲子，牠不僅知道自己想要什麼，也知道如何得到自己的蘋果以及得到蘋果應該需要什麼條件，然後制定清晰實際的計畫，在望遠鏡的指引下，牠一步步實現了自己的理想。

其實，人生就是蟲子，而蘋果就是人生目標，爬樹的過程就是奔赴人生目標的道路。

有這麼一句名言：出色人生的關鍵在於預算你的時間和資源。許多出色、成功的人士能夠出色、成功的重要原因就是好好利用了工作的三分之一，甚至經常把另外三分之二的時間也加以利用。人生就是利用個人的時間和資源來謀求出色的一生。

現代社會，計畫決定命運。有什麼樣的計畫就有什麼樣的人生。時間非常有限，越早計畫自己的人生，就能越早出色。要想得到自己喜歡的蘋果，想改變自己的人生，就要先從改變自己開始，做好自己的人生計畫，做吃到蘋果的第四隻蟲子。

記住，如果你不制定好做事的計畫，在「做事」時候遇到的失敗便是被計畫好的；如果你不很好的策劃你的人生，你的人生的失敗也是被「策劃」好的！這是許多人雖然受過良好教育，但一生成績不大的原因之一。

不要過分重視細節

注意細節是很有必要的，因為細節決定成敗，但是我們也不能過分看重細節。如果過分重視細節，那麼就會墜入細節的泥潭，讓你寸步難移，無法前進，阻礙你與高績效的約會。

在工作當中，很多時候正是因為我們過度地關注細節，為了細節而迷惑結果，勞而無功。

曾經有一位商人，他擁有大片的田產和幾家店鋪。於是他派男僕去種田、派女僕去燒飯、讓雞報時、狗守家、牛負重載、馬走遠路。這樣一來，大家每個人都可以各司其職了，每件事情都能夠做得很好，主人當然也覺得很滿意，日子過得富足清閒。

可是有一天，富人突然想自己去做所有的瑣碎小事，他想代替男僕種田，代替女僕做飯……結果到頭來不僅累的要死，而且一件事也沒辦成。

難道是富人的才智不如奴婢、雞狗嗎？顯然不是，是因為他太注重細節。富人擅長的是經營生意，那些日常事務應該由擅長它們的人去做。

我們以管理者為例，假如你現在是一個管理者，就不應該由於關心細節而忽視了那些重要的，甚至是關係到全域的事情，對一些事情進行全面了解雖然是應該的，但是也不能什麼事都由自己去解決。

貝利由於辦事認真，能夠把工作做得井井有條，結果很快就被老闆提升為部門主管。榮升部門主管的貝利做工作變得更加細心了。

每當下屬交上來的檔底稿，她總是會重新做一遍。即使是一些平常的小事，她也要自己做才放心。

正是這樣，她每天都感到自己非常苦，特別累，可工作卻沒有多大起色。通常是她做好了一件，別的又顧不了，於是就在無法兼顧的情況下，總是「撿了芝麻，丟了西瓜」。貝利當然是非常苦惱，但是又不知道該怎麼辦才好，也不知道怎麼樣才能夠走出這種困境。

法國著名的管理學家法約爾曾經告誡那些身居高位的長官：長官不要在細節上耗費過多的精力，對於具體的細節問題，應該放手讓下屬去做。長官大包大攬，不但不能夠處理好，而且還會耽誤一些重大問題的解決。

由此可見，過度注重細節，不僅於事無益，甚至會影響到重要事情的處理。

過度關注細節，就會像貝利一樣成為細節的「奴隸」，也等於是制約了自身的進一步提高。

我們只有擺脫細節的禁錮，才能夠成為工作的「自由人」，也才能夠更好地發揮自己的潛力，把工作做得更完美。

而身為管理者，更應該多去關注戰略層面的重大問題的解決，把那些細節問題留給下屬解決。管理者必須學會使用分權術，一定要懂得授權。把工作當中的一些細節問題交給下屬去做，這樣不僅能夠調動下屬的積極性，提高工作效率；而且對於管理者本身來說，也可以有更多的時間去進行思考和學習更新的知識，全方位地提高自身能力和管理水準。

一味地沉醉於細節中，不能自拔，那麼就會讓你在細節的泥潭中越陷越深，與那些重要的機遇失之交臂。

因此，不要眼睛僅僅是盯著細節不放，值得你關注的還有很多像戰略性這樣的大事情。

讓我們從細節的困擾當中解脫出來吧！把看法和重點轉移一下，讓自己有一個新的、輕鬆一點的看法。只有這樣，你的執行力才會得到提高。

堅持每天多做一點

《禮記．大學》中說：「苟日新，日日新，又日新。」老子在《道德經》中又說：「合抱之木，生於毫末，九層之臺，起於累土，千里之行，始於足下。」這些古老的中國傳統文化說明一個道理：量變累積到一定程度就會產生質變。所以，不要幻想自己能突然脫胎換骨，要知道，從平凡到優秀再到卓越，並不是一件多麼神奇的事，年輕人需要做的就是：堅持每天多做一點。

身為年輕的員工，僅僅做到全心全意、盡職盡責是不夠的，還應該比自己分內的工作多做一點，比別人期待的更多一點，如此可以吸引更多的注意，給自我的提升創造更多的機會。

小吳原來的工作並沒有現在的工作好，只是一件小事情引起了這種變化。一個星期六的下午，一位律師（其辦公室與小吳的同在一層樓）走進來問他，哪裡能找到一位速記員來幫忙，手頭有些工作必須當天完成。小吳告訴他，公司所有速記員都去看球賽了，如果晚來五分鐘，自己也會走。但小吳同時表示自己願意留下來幫助他，因為「球賽隨時都可以看，但是工作必須在當天完成」。

做完工作後，律師問小吳應該付他多少錢。小吳開玩笑地回答：「哦，既然是你原先想請人做的工作，大約 1,000 元吧！如果是幫忙，我是不會收取任何費用的。」律師笑了笑，向小吳表示謝意。

小吳的回答不過是一個玩笑，並沒有真正想得到 1,000 元。但出乎小吳意料，那位律師竟然真的這樣做了。三個月之後，在小吳已將這些事忘到了九霄雲外時，律師卻找到了小吳，交給他 1,000 元，並且邀請小吳到自己公司工作，薪水比原來的高出一千多元。

一個週六的下午，小吳放棄了自己喜歡的球賽，多做了一點事情，最初的動機不過是出於樂於助人的願望，而不是金錢上的考慮。小吳並沒有責任放棄自己的休息日去幫助他人，但那是他的一種特權，一種有益的特權。它不僅為自己增加了 1,000 元的現金收人，而且為自己帶來了比以前更重要、收入更高的職務。

獲得成功的祕密在於全力以赴，每天多做一點。多做一點會使你最大限度地展現自己的工作態度，最大限度地發揮你的天賦，從而使你自身的價值不斷得以提升。

你只是從事你報酬分內的工作，將無法爭取到人們對你的有利的評價。但是，當你願意從事超過你報酬價值的工作時，你的行動將會促使與你的工作有關的所有人對你做出良好的評價，將增加人們對你的服務的要求。

你當然沒有義務要做自己職責範圍以外的事，但是你也可以選擇自願去做，以驅策自己快速前進。率先主動是一種極珍貴、備受看重的素養，它能使人變得更加敏捷，更加積極。無論你是管理者，還是普通員工，「每天多做一點」的工作態度能使你從競爭中脫穎而出。你的老闆、委託人和顧客會關注你、信賴你，從而給你更多的機會。

在阿爾伯特．哈伯德的《每天多做一點》中舉了一個例子：

卡洛．道尼斯是世界知名的投資顧問專家，他最初為杜蘭特工作時，職務很低，現在已成為杜蘭特先生的左膀右臂，擔任其下屬一家公司的總裁。之所以能如此快速升遷，祕密就在於「每天多做一點」。

「在為杜蘭特先生工作之初，我就注意到，每天下班後，所有的人都回家了，杜蘭特先生仍然會留在辦公室裡繼續工作到很晚。因此，我決定下班後也留在辦公室裡。是的，的確沒有人要求我這樣做，但我認為自己應該留下來，在需要時為杜蘭特先生提供一些幫助」。

「工作時杜蘭特先生經常找檔、列印資料，最初這些工作都是他自己親自來做。很快，他就發現我隨時在等待他的召喚，並且逐漸養成招呼我的習慣……」

杜蘭特先生為什麼會養成召喚道尼斯先生的習慣呢？因為道尼斯自動留在辦公室，使杜蘭特先生隨時可以看到他，並且誠心誠意為他服務。這樣做獲得了報酬嗎？沒有。但是，他獲得了更多的機會，使自己贏得老闆的關注，最終獲得了提升。

不要以為這些只是細枝末葉的問題，要知道給人留下深刻印象的往往就是這些點點滴滴。有人說過：「我總是忽略那些盡忠盡職完成本職工作的員工，因為這是對員工的基本要求，所有合格的員工都會做到。在眾多的員工之中，能給我留下深刻印象的總是在自己的本職工作之外幫助別人的人，即使是只為同事倒一杯水。」

不要以為每天多做的事沒有人知道，就覺得自己吃虧，同樣早到的老闆往往就站在辦公室門口，注視著公司的一切（包括你的所作所為）。每天多做一點吧！在人生征途上永不停步，比別人踏前一步，不背著手跟在後頭。

堅持每天多學一點，就是進步的開始；堅持每天多想一點，就是成功的開始；堅持每天多做一點，就是卓越的開始；堅持每天進步一點，就是輝煌的開始！

不要所有問題都自己扛

在生活中，我們常常看到總經理辦公室的燈總是很晚了還沒有熄，吃飯時間他卻還在辦公室工作；平日裡，我們常常聽說某公司總經理整天總有忙不完的事情，彷彿陷入了一個大漩渦，怎麼轉也轉不出來，不知自己哪天才有「出頭之日」。為此他們常常發出這樣的抱怨：「為什麼什麼事都要找我？」整天忙忙碌碌的總經理就是好總經理嗎？非也，總經理的肩膀不是起重機，不可能也不應該將所有的問題都自己扛。

戴爾電腦公司今天已是全球舉足輕重的跨國公司。創始人麥可・戴爾剛開始創業時，也曾發出這樣的抱怨，但他很快就找到了原因，並找到了解決的辦法，那就是授權。

戴爾事業初創時，由於經常加班趕工，再加上他剛離開大學，習慣了晚睡晚起的作息，第二天經常睡過了頭，等他趕到公司時，就看見有二三十名員工在門口閒晃，等著戴爾開門進去。

剛開始戴爾不明白髮生了什麼，好奇地問：「這是怎麼回事？你們怎麼不進去？」

有人回答：「老闆，你看，鑰匙在你那裡，我們進不了門！」

戴爾這才想起公司唯一的鑰匙正掛在自己腰間，平時總是他到達後為大家開門。

從此，戴爾努力早起，但還是經常遲到。

不久，一個職員走進他的辦公室報告：「老闆，衛生間沒有衛生紙了。」

戴爾一臉不高興：「什麼？沒有衛生紙也找我！」

「存放辦公用品的櫃子鑰匙在你那裡呢。」

又過了不久，戴爾正在辦公室忙著解決複雜的系統問題，有個員工走進來，抱怨說：「真倒楣，我的硬幣被可樂的自動售貨機『吃』掉了。」

戴爾一時沒反應過來：「這事為什麼要告訴我？」

「因為售貨機的鑰匙你保管著。」

戴爾想了想，決定放權，不能事無巨細一把抓著。他把不該拿的鑰匙交給專人保管，又特地請人負責其他部門。公司在新的管理方法下變得井井有條。

授權是企業家和經理人從煩瑣的事務中脫離出來的最佳途徑。佩羅集團創始人、董事長亨利．羅斯．佩羅（Henry Ross Perot）為此說過：「主管就是放權給一批人，讓他們努力奮鬥，去實現共同的目標。為此，你就得充分開發他們的潛能。」

一個高效率的管理者應該把精力集中到少數最重要的工作中去，次要的工作甚至可以完全不做。人的精力有限，只有集中精力，才可能真正有所作為，才可能出有價值的成果，所以不應被次要問題分散精力。他必須盡量放權，以騰出時間去做真正應該做的工作，即組織工作和設想未來。

北歐航空公司董事長卡爾松大刀闊斧地改革北歐航空系統的陳規陋習，就是依靠合理的授權，給下屬充分的信任和活動自由而進行的。

因公司航班誤點不斷引起旅客投訴，卡爾松下決心要把北歐航空公司變成歐洲最準時的航空公司，但他想不出該怎麼下手。卡爾松到處尋找，看到底由哪些人來負責處理此事，最後他找到了公司營運部經理雷諾。

卡爾松對雷諾說：「我們怎樣才能成為歐洲最準時的航空公司？你能不能替我找到答案？過幾個星期來見我，看看我們能不能達到這個目標。」

幾個星期後，雷諾約見卡爾松。

卡爾松問他：「怎麼樣？可不可以做到？」

雷諾回答：「可以，不過大概要花 6 個月時間，還可能花掉 160 萬美元。」

卡爾松插話說：「太好了，這件事由你全權負責，明天的董事會上我將正式公布。」

大約 4 個半月後，雷諾請卡爾松去看他們幾個月來的成績。

各種資料顯示在航班準點方面北歐航空公司已成為歐洲第一。但這不是雷諾請卡爾松來的唯一原因，更重要的是他們還省下了 160 萬美元中的 50 萬美元。

卡爾松事後說：「如果我先是對他說，『好，現在交給你一個任務，我要你使我們公司成為歐洲最準時的航空公司，現在我給你 200 萬美元，你要這麼這麼做。』結果怎樣，你們一定也可以預想到。他一定會在 6 個月以後回來對我說：『我們已經照你所說的做了，而且也取得了一定的進展，不過離目標還有一段距離，也許還需花 90 天時間才能做好，而且還要 100 萬美元經費。』可是這一次這種拖拖拉拉的事情卻沒有發生。他要這個數目，我就照他要的給，他順順利利地就把工作做完了，也辦好了。」

合理地給下屬權力，不僅有利於增強下屬的積極性和創造性，而且還能大大提高主管本身和團隊的工作效率。這是主管管理的技巧，也是一種藝術。

一名管理者，不可能控制一切；你協助尋找答案，但本身並不提供 —— 切答案；你參與解決問題，但不要求以自己為中心；你運用權力，但不掌握一切；你負起責任，但並不以盯人方式來管理下屬。你必須使下屬覺得跟你一樣有責任關注事情的進展。而把管理當作責任而不是地位和特權正是管理者能夠進行真正的、有效授權的基本保證。

那些事必躬親的管理者往往會有這樣的想法：他們應該主動深入到工作當中去而不應該坐等問題的發生；或者他們應該向下屬們表示出自己不是一個愛擺架子或者高高在上的主管。這些想法確實值得肯定，但是管理者用不著選擇事必躬親，因為這樣做不僅沒有任何好處，還會讓管理者付出很大的代價。如果你有著事必躬親的傾向，那麼下面幾點建議應該會對你有所幫助。

(1) 學會置身於事外

實際上，團隊裡的有些事務並不需要你的參與。比如，下屬們完全有能力找出有效的辦法來完成任務，那用不著管理者來指手畫腳。也許你確實是出於好意，但是下屬們可能不會領情。更有甚者，他們會覺得你對他們不信任，至少他們會覺得你的管理方法存在很大問題。當出現這種情況時，你應該學會如何置身於事外。這裡有一個小小的竅門：在你決定對某項事務發布命令之前，你可以先問自己兩個問題：「如果我再等等情況會怎麼樣」以及「我是否掌握了發布命令所需要的全部情況。」如果你覺得插手這項事務的時機還不成熟或者目前還沒有必要由自己來親自做出決定，那麼你應該選擇沉默。在大多數情況下，事實上也許根本不用你費心，你的下屬們就會主動地彌補缺漏。透過這樣縝密的考慮，你會發現也許有時你的命令是不必要的，甚至會使情況變得更糟。

(2) 恰當地授權

當組織發展到一定階段，隨著管理事務的日益增多，管理者已經無法將所有的問題都自己扛，這就需要授權。從某種意義上說，授權是管理最核心的問題，也是簡單管理的要義，因為管理的實質就是透過其他人去完成任務。授權意味著管理者可以從繁雜的事務中解脫出來，將精力集中在管理決策、經營發展等重大問題上來。透過授權，你可以把下屬管理得更好。讓下屬獨立去完成某些任務有助於他們成長。因此，恰當地授權非常重要，這樣可以得到授權的最大好處，並將風險降到最低。

(3) 弄清楚究竟哪些事務你不必「自己扛」

既然明白了事必躬親的弊端，那麼下一步你必須明確授權的範圍，也就是說究竟哪些事務你不必「自己扛」。根據組織的實際情況，授權的範圍肯定會有所不同。但這其中還是有一些規律性的東西。在授權時，下面幾個因素值得考慮：

- **責任或決策的重要性**：一般說來，一項責任或者決策越重要，其利害得失對於團隊或整個企業的影響越大，就越不可能被授權給下屬。
- **任務的複雜性**：任務越複雜，管理者本人就越難以獲得充分的資訊並做出有效的決策。如果複雜的任務對專業知識的要求很高，那麼與此項工作有關的決策應該授權給掌握必要技術知識的人來做。
- **組織文化**：如果組織裡有這樣的傳統或者說背景，即管理層對下屬十分信任，那麼就可能會出現較高程度的授權。如果上級不相信下屬的能力，則授權就會變得十分勉強。
- **下屬的能力或才幹**：這可以說是最重要的一個因素。授權要求下屬具備一定的技術和能力。如果下屬缺乏某項工作的必要能力，則管理者在授權時就要慎重。

克林將軍告訴我們，身為一名偉大的將軍，他的成功有很大一部分來自有效的分工帶來的「簡單管理」。「我對很多方面都放任不管。」這就給了他的部下很大的自由空間去決策。每一個管理者都應該深刻地領悟到此言的含義：授權予下，不僅可以使你從繁忙的工作當中解脫出來，更可以增強下屬的工作積極性。這一箭雙雕的手段，是每名管理者都應學會使用的。

什麼事都做不如做好一件事

成語「淺嘗輒止」的意思是稍微嘗試便停下腳步，比喻不下工夫深入研究。這與時下很多人的心理完全契合，我們身邊的很多人都希望生活、工作中什麼都涉略一點，但是鮮少有深入研究的。在這種理念下行事，結果往往與初衷背道而馳，在與時間交手的時候，請一定要記住：什麼事都做，只能接觸到皮毛，而毫無成就可言。

我們可以在開車的時候打電話，看電視的時候剪指甲，也可以在開會的時候思考午休吃什麼，回覆郵件的時候順便討論辦公室趣聞……生活中工作中的「一心多用」比比皆是，貌似並沒有影響我們什麼，但是紐約心理教授喬治．H．諾斯拉普博士卻表示：如果我們同一時間段內做幾件事，會令我們產生心煩意亂的情緒，因為在一心多用之下，我們很難集中注意力，這樣會造成壓力的產生。

我們都聽說過小貓釣魚的故事：

一天貓媽咪帶著小貓到河邊去釣魚，看著調皮的兒子在前面走，貓媽咪叫住小貓語重心長地說道：
「貓兒啊！我們今天一定要努力釣魚才會有晚餐，你知道嗎？」
「我知道啦！媽咪，可是怎麼努力啊？」小貓反問貓媽咪。貓媽咪眯起眼笑著說：
「你還這麼小，等你再大一些我再教你釣魚的技藝，今天你只要一心一意地釣魚就行了，千萬不要三心二意。」
小貓咪對三心二意這個詞語很是困惑，嘴上卻說：「知道啦！」
走到河邊，貓媽咪叮囑小貓：「我們開始釣魚吧！記住要專心致志啊！」說著便坐下來，開始釣魚。小貓見狀也坐了下來，可是不一下子心思就不在釣魚上了。一隻蜻蜓飛過湖面，小貓的注意力被蜻蜓吸引；一隻蝴蝶飛過湖面，小貓想要去抓蝴蝶；一架飛機在天空劃過，小貓站起身來，追著飛機跑了起來……
當太陽西沉之際，貓媽媽看著小貓空空如也的水桶，說：
「跟你說不要三心二意，你桶裡什麼都沒有，晚上我們吃什麼啊？媽媽告訴你，一心一意地做一件事才會成功！」

故事裡的小貓不能專心致志地釣魚，結果一無所獲。生活中的我們也會犯同樣的錯誤，幾件急事纏身的時候，總是不能一心一意地，一件事一件事地做，總想一手抓，結果可想而知，必定是一事無成。

法國偵探小說家喬治．西默農是現代高產作家之一，一次一位記者採訪他，詢問他高產的原因，喬治．西默農是這樣回答的：「創作一本小說的時候，我必須做到與世隔絕，做到『三不』——不看信件、不接電話、不見客人，這樣才能全身心地創作，作品才會精彩。」

喬治的成功正是源於只做一件事情，試想如果喬治在創作的時候什麼事都會做的話，也許他就不會有精彩的作品。

心理學教授辛蒂．勒斯蒂格透過實驗發現，同時做很多事，並且做成功，幾乎是不可能的，不斷地轉換任務會使效率降低將近四成。

很多人把一心多用理解為「勤勞」，「勤勞」是我們國家的傳統美德，生活裡我們應該勤勞多做事，工作中勤勞也會為我們的職場生活創造更多的機會。但是「勤勞」與「一心多用」有著很大的區別，前者是在自己的能力範圍之內，迅速且高品質地完成分內工作；而後者是指在同一時間段內，分散注意力去做事。

李珊剛畢業半年時間，在一間外企做行政專員，平時的工作極其瑣碎，李珊常常忙得焦頭爛額。很多時候李珊到單位之後，便開始一天的工作，通常是查詢上司來電，接著是列印電子信箱裡上司的檔。常常在執行這些事務的時候，上司會給李珊安排臨時的工作，像是會計部要這週的出差報銷單，行銷部要這個月的任務表……這種情況下，李珊不得不放下手頭的工作，來應付上司的臨時安排。

往往上司的安排一股腦發給李珊，李珊總想趕快完成，一時也理不出應該先完成哪個，於是東做一下，西做一下。當列印檔案的時候覺得製定工作報表更重要，於是回到電腦前製定報表的時候，心裡又覺得整理會議記錄最緊急，於是開始整理開會記錄……等到上司來要工作成果的時候，李珊才發現自己什麼都沒完成，每樣工作都只完成了一小部分。

李珊每天的工作狀態都很類似，雖然忙得頭昏腦脹，但毫無效率可言，最關鍵的是李珊常常感覺自己疲累不堪，不知道應該怎麼解決。

無論是生活還是工作，我們都會遭遇李珊的經歷，專心做這件事的時候，心裡會有一個聲音在說：那件事更重要，趕緊去做那件事吧！但是即便是在很多事情都很重要的情況下，我們也不會長出三頭六臂去解決一切。所以這個時候，我們只能做一件事，那就是最重要的那件事。

有效利用每天的 24 小時

「光陰似箭，日月如梭」、「黃金難買光陰，一世如白駒過隙」、「時間是金錢，時間是生命」……這些警句都是告誡年輕人要珍惜時間。

生命是用時間來計算的，珍愛生命就要珍惜時間，反之，浪費時間就是在浪費生命，在工作當中浪費時間，實際也是在浪費生命。

在老闆的眼中，時間就是資本，利用好時間，就可獲得不斷增值的時間效應，而浪費時

間，也是在浪費不斷增值、數量可觀的時間資本。身為一個職業人士的年輕人，應該好好利用每一分鐘的價值。凡是在工作中表現出色、得到老闆賞識的年輕人，都懂得抓住工作時間的分分秒秒，只有這樣，他們才能在同樣多的時間內，比別人做更多的事情，做那些分外的事，從而取得更多的業績，得到升遷。

一個部門經理在介紹自己的成功經驗時說：「時間是擠出來的，你不去擠它就不會出來。時間賦予每個人的都是 24 小時，你不善於擠，就會跟許多平庸的職業人士一樣，忙忙碌碌卻又只是庸庸碌碌地度過一生。」

夢麗在一家律師事務所工作，她平均每年負責處理的案件達 130 宗，而且她的大部分時間都是在飛機上度過的，那麼她怎麼能有那麼多時間來處理如此多的事情呢？其實她有一個非常好的習慣，那就是在飛機上給客戶們寫郵件，經常地與客戶們保持良好的關係。一次，一位同機的旅客跟她攀談：「在機上的近 2 個小時裡，我看到你一直在寫郵件，你一定會深受老闆器重的。」夢麗笑著說：「我已經是副所長了，我只是不想讓時間白白浪費而已。」

成功的年輕職業人士就是這樣珍惜每一分鐘、有效利用每一分鐘的人，他們使每一分鐘都具有價值。

我們都知道，麥當勞是享譽世界的速食品牌，它幾乎遍布世界各地。而麥當勞的每一位員工都清楚地知道高效率對他們的重要性。在麥當勞，有著幾個金科玉律般的數字，是每一位員工都要認真對待的，那就是：60 秒、30 分鐘、4°C！

60 秒是說從顧客付錢到下單，再到顧客拿到食物，整個過程必須在 60 秒內完成。

30 分鐘是指每隔 30 分鐘要對店內進行一次全面的清掃，讓室內環境保持著永久的清潔。

4°C指可樂要始終維持在 4°C，以保持最佳口感，也就是說可樂要在第一時間送到顧客手中。

這幾個數字深入到麥當勞的每一位員工心目中，讓他們時刻牢記著時間的重要性。正因為如此，麥當勞才能夠以便捷高效的服務征服全世界。你要想有強烈的時間觀念，就要把上下班時間當作是不可逾越的警戒線，不能隨意違反公司規定遲到早退。

有一本商業雜誌曾經採訪過眾多的知名企業家，當問到他們的成功祕訣時，很多人提到了合理利用時間。有一位企業家認為：很多人在抱怨他們沒有足夠的時間處理工作，其實這意味著他們應該更好地規劃和利用時間。

要想在職場中做出業績、取得成功，就要學會珍惜時間，合理規劃和利用每一分鐘，這樣的年輕人是高效率的，也是當今老闆們所器重的人，他們遲早會取得事業的成功。

做一個職業人士，不僅要善於抓住點點滴滴的時間進行工作的時候，還應該懂得把時間進行合理的規劃。年輕人可以從以下幾個方面駕馭時間，提高工作效率：

(1) 善於集中時間

千萬不要平均分配時間，應該把你有限的時間集中到處理最重要的事情上，不可以每一樣工作都去做，要機智而勇敢地拒絕不必要的事和次要的事。

一件事情發生了，開始就要問：「這件事情值不值得去做？」千萬不能碰到什麼事都做，更不可以因為反正我沒閒著，沒有偷懶，就心安理得。

(2) 要善於掌握時間

每一個機會都是引起事情轉折的關鍵時刻，有效地抓住時機可以牽一髮而動全域，用最小的代價取得最大的成功，促使事物的轉變，推動事情向前發展。

如果沒有抓住時機，常常會使已經快到手的結果付諸東流，導致「一招不慎，全域皆輸」的嚴重後果。因此，取得成功的人必須要審時度勢，捕捉時機，掌握「關鍵」，做到恰到「火候」，贏得機會。

(3) 要善於協調兩種時間

對於一個取得成功的人來說，存在著兩種時間：一種是可以由自己控制的時間，我們叫做「自由時間」；另外一種是屬於對他人他事的反應時間，不由自己支配，叫做「應對時間」。

這兩種時間都是客觀存在的，都是必要的。沒有「自由時間」，完完全全處於被動、應付狀態，不會自己支配時間，就不是一名成功的時間管理者。

可是，要想絕對控制自己的時間在客觀上也是不可能的。想把「應對時間」變為「自由時間」，實際上也就侵犯了別人的時間，這是因為每一個人的完全自由必然會造成他人的不自由。

(4) 要善於利用零散時間

時間不可能集中，常常出現許多零碎的時間。要珍惜並且充分利用大大小小的零散時間，把零散時間用來去做零碎的工作，從而最大限度地提高工作效率。

(5) 善於運用會議時間

召開會議是為了溝通資訊、討論問題、安排工作、協調意見、做出決定。很好地運用會議的時間，就會提高工作效率，節約大家的時間；運用得不好，則會降低工作效率，浪費大家的時間。

時間對每一個人都是均等的，成功與否，關鍵就在於年輕人怎麼利用每天的 24 小時。會用的，時間就會為你服務；不會用的，你就為時間服務。

用最簡易的方法去做事情

在生活和工作中，當我們遇到障礙，經過了努力仍然沒有進展的時候，就要想想是不是有更好的方法。正確的做事方法比持之以恆更重要！

在工作當中，我們做事情不可能總是一帆風順的，當遇到難題的時候，我們絕對不應該不顧一切就去做，而應該多動腦筋，看看自己所努力的方向是不是正確的。

曾經有一家公司招聘一名業務代表。最後進入面試的王敏和王歡，他們在不同的時間段被分別通知前來面試。

王敏在面試過程中，對各種問題簡直是對答如流。就在他自我感覺非常好的時候，負責面試的考官忽然遞給他一把鑰匙，並且隨手指了指室內的一扇小門，說：「請幫我到那間屋裡面去拿只茶杯來。」

王敏接過鑰匙就去開那扇小門了，鑰匙非常容易就插進了鑰孔，可是無論如何就是轉不動，打不開。王敏非常有耐心地撥動了一陣子，才回過頭來，很有禮貌地問那位原在翻看資料的考官：「請問是這把鑰匙嗎？」

「是的，」考官抬頭看了看王敏，並且還補充了一句，「沒錯，就是那把鑰匙。」然後接著看他的資料。

可是王敏還是打不開門，於是就轉身走到考官面前，很為難地說：「門打不開，我也不渴……」

考官此時打斷他的話：「那好吧！你回去等通知吧！一個

星期之內如果接不到通知，那就說明你被淘汰了。」

對於王歡來說，他在回答問題的時候儘管不太流暢，可他很快就憑著那把鑰匙在那間屋裡取來一隻茶杯。考官為他倒了一杯水，高興地告訴他：「喝杯水，然後簽個協議，你已經被錄用了。」

原來那間屋子不僅僅只是一扇門，除了考官房間裡面的那扇內門外，還有一扇與考官門相鄰的外門。王歡打開了外面的那扇門，成功取出了那只茶杯。

其實，我們在工作中有可能花費了很大的工夫，但是卻始終不願意換個角度去思考問題，考慮一些其他的方式，考慮一些其他的快捷方法。解決問題的方法也許就是轉換角度後的另一扇打開的門。

所以說，當我們在面對問題的時候，不要只從問題的直觀角度去思考，一定要不斷發揮自己的智慧和潛力，從相反的方面去尋找解決問題的辦法，這樣才會讓問題出現新的轉機。

在工作中，銷售經理總是會對業務上遇到困難的推銷員說：「再多跑幾家客戶！」父親總是會對拚命讀書的兒子說：「再努力一些！」但是這些建議有的時候看不免覺得空洞。就好像曾經有人問一位高爾夫球高手：「我是不是要多做練習？」高爾夫球高手卻回答道：「不，如果你不先把揮杆要領掌握好，那麼再多的練習也是沒有用的。」

可見，總體來說，設定目標是十分有意義的，畢竟，對自己的人生方向有了明確的認識是非常重要的事情。可是在現實中，人們總是計較如何實現目標的過程，因而也就失去了很多好的機會。他們還認為要達到目標一定要承受住毅力的考驗，即使有快捷方式可走，他們仍要選擇艱辛的過程。

我們每個人無一例外地被教導過，做事情要有恆心和毅力。比如：「只要努力，再努力，就可以達到目的。」 這樣的說法其實我們已經十分熟悉了。你如果按照這樣的準則做事情，你常常會不斷地遇到挫折和產生負疚感。由於「不惜代價，堅持到底」 這一教條的原因，而對於那些中途放棄的人，可能就常常被認為是「半途而廢」，令周圍的人失望。

也正是因為這個害人的教條，讓我們即使有快捷方式也不敢去走，而是去簡就繁。其實，我們應該調整思維，盡可能用簡便的方式達到目標，而你也應該選擇用簡易的方式去做事情。

第 7 章
高效做事，把西瓜與芝麻分開

人生最寶貴的兩項資產，一項是頭腦，一項是時間。無論你做什麼事情，即使不用腦子，也要花費時間。因此，管理時間的水準高低，會決定你事業和生活的成敗。如何根據你的價值觀和目標管理時間，是一項重要的技巧。它使你能夠控制生活，善用時間，朝自己的方向高效迅速地前進，而不致在忙亂中迷失方向。

做事一定要講效率

在資訊瞬息萬變的社會裡，效率是老闆創造卓越的關鍵因素。成功最大的因素在於工作的高效，在有限的時間內創造高品質的效益，而不在於工作的數量多少。

如今企業老闆提倡最優化原理，就是以最少的消耗在最短的時間內創造最優秀的業績，職業人士想盡辦法為公司創造利潤，這樣不僅給公司帶來了好處，更重要的是提升了自身的價值，現在許多老闆都是以小時計算酬薪，以分鐘計算價值，打破了傳統的觀念，以年、月和日來估計工作數量，而不提倡高效率。

年輕人提高自己的工作效率是職場最迫切的需求。有一句名言：「成功不稀奇，關鍵在速度！」是的，在資訊飛速發展的今天，成功不再是以時間的長短和工作經驗的多少來衡量的，而是以你的工作效率來作為標準。工作效率體現了你的工作能力和創造的價值。

首先，「第一次就把事情做對」是提高工作效率的最佳途徑。

有位廣告經理曾經犯過這樣一個錯誤，由於完成任務的時間比較緊，在審核廣告公司回傳的樣稿時不仔細，在發布的廣告中弄錯了一個電話號碼，服務部的電話號碼被他們打錯了一個。就是這麼一個小小的錯誤沒做到位，導致公司一系列的麻煩和損失。

我們平時經常說到或聽到的一句話是：「我很忙。」 是的，在上面的案例中，那位廣告經理忙了大半天才把錯誤的問題料理清楚，耽誤的其他工作不得不靠加班來彌補。與此同時，還讓主管和其他部門的數位同仁和他一起忙了好幾天。如果不是因為一連串偶然的因素使他糾正了這個錯誤，造成的損失必將進一步擴大。

平時，在「忙」 得心力交瘁的時候，我們是否考慮過這種「忙」 的必要性和有效性呢？假如在審核樣稿的時候那位廣告經理稍微認真一點，還會這麼忙亂嗎？「第一次就把事情做好」，在我參加工作之後不久，有一位主管就告訴過我這句話，但一次又一次的錯誤告訴我，要達到這句話的要求並非易事。

第一次沒做好，同時也就浪費了沒做好事情的時間，返工的浪費最冤枉。第二次把事情做對既不快、也不便宜。

「第一次就把事情做對」 是著名管理學家克勞士比「零缺陷」 理論的精髓之一。第一次就做對是最便宜的經營之道！第一次做對的概念是中國企業的靈丹妙藥，也是做好中國企業的一種很好的模式。有位記者曾到華晨金杯汽車有限公司進行採訪，首先映入眼簾的就是懸在工廠門口的條幅—「第一次就把事情做對」。

企業中每個人的目標都應是「第一次就把事情完全做好」，至於如何才能做到在第一次就把事情做對，克勞士比先生也給了我們正確的答案。這就是首先要知道什麼是「對」，如何做才能達到「對」這個標準。

克勞士比很讚賞這樣一個故事：

一次工程施工中，師傅們正在緊張地工作著。這時他手頭需要一把扳手。他叫身邊的小徒弟：「去，拿一把扳手。」小徒弟飛奔而去。他等啊等，過了許久，小徒弟才氣喘吁吁地跑回來，拿回一把巨大的扳手說：「扳手拿來了，真是不好找！」

但師傅發現這並不是他需要的扳手。他生氣地說：「誰讓你拿這麼大的扳手呀？」小徒弟沒有說話，但是顯得很委屈。這時師傅才發現，自己叫徒弟拿扳手的時候，並沒有告訴徒弟自己需要多大的扳手，也沒有告訴徒弟到哪裡去找這樣的扳手。自己以為徒弟應該知道這些，可實際上徒弟並不知道。師傅明白了：發生問題的根源在自己，因為他並沒有明確告訴徒弟做這項事情的具體要求和途徑。

第二次，師傅明確地告訴徒弟，到某間倉庫的某個位置，拿一個多大尺碼的扳手。這回，沒過多久，小徒弟就拿著他想要的扳手回來了。

克勞士比講這個故事的目的在於告訴人們，要想把事情作對，就要讓別人知道什麼是對的，如何去做才是對的。在我們給出做某事的標準之前，我們沒有理由讓別人按照自己頭腦中所謂的「對」的標準去做。

其次，在開始工作之前，先擬定一個計畫，古人云：「凡事預則立，不預則廢。」說明制定計劃是提高工作效率的一個重要方法，一位成功的職業經理人說：「你應該在一天中最有效的時間之前訂一個計畫，僅僅 20 分鐘就能節省 1 個小時的工作時間，牢記一些必須做的事情。」

身為一名員工，當你能夠高效率地利用時間的時候，你對時間就會獲得全新的認識，算出一分鐘時間究竟能做多少事，這時，你就不再擔心被老闆炒魷魚了。

再次，先做生命中最重要的事情。分清事情的輕重緩急，把主要時間和精力花在重要的事情上。巴萊特定律告訴我們：應該用 80%的時間做能帶來最高回報的事情，而用 20%的時間做其他事情。

最後，善於利用閒暇時間，時間是由分秒積成的，只有你善於擠壓時間，才能獲取更大的成功。

身為優秀員工必備的特質就是抓住點點滴滴的時間進行工作，工作中有計劃、有重點、高效率。

記住，高效率是職業人士走向成功的又一捷徑。

用高標準來要求自己

在工作和生活中，年輕人常常會有這樣的體會：沒有高要求就沒有高動力。有人曾經調查過很多優秀員工，為什麼能夠創造業績奇蹟，雖然答案各種各樣，但是其中有一點非常的相似：他們對自己都有著極高的要求，他們會自動自發地去把工作做到最好。

有個剛剛進入公司的年輕人自認為專業能力很強，對待工作很隨意。有一天，他的老闆直接交給他一項任務，為一家知名企業做工個廣告策劃方案。

這個年輕人見是老闆親自交代的，不敢怠慢，認認真真地搞了半個月，半個月後，他拿著這個方案，走進了老闆的辦公室，恭恭敬敬地放在老闆的桌子上。誰知，老闆看都；沒看，只說了一句話：「這是你能做的最好的方案嗎？」年輕人一怔，沒敢回答，老闆輕輕地把方案推給年輕人。年輕人什麼也沒說，拿起方案，走回自己的辦公室。

年輕人苦思冥想了好幾天，修改後交上，老闆還是那句話：「這是你能做的最好的方案嗎？」年輕人心中忐忑不安，還是不敢給予肯定的答覆。於是老闆又讓他拿回去修改。

這樣反覆了四五次，最後一次的時候，年輕人信心百倍地說：「是的，我認為這是最好的方案。」老闆微笑著說：「好！這個方案批准通過。」

有了這次經歷，年輕人明白了一個道理，一名出色的員工應該在工作中不斷為自己提出更高的要求，「一定要把自己最滿意的結果帶給老闆，而不將尚存在著問題的方案交給老闆。在以後工作中他經常自問：「這是我能做的最好的方案嗎？」然後再不斷加以改進。不久他就成為了公司不可缺少的一員，老闆對他的工作非常滿意。

由此，我們可以得出這樣的結論，工作做完了，並不表示不可以改進了。在滿意的成績中，仍要抱著客觀的態度找出毛病，發掘未發揮的潛力，創造出最佳業績，這才是一個積極進取的員工應有的表現。

泰國的東方飯店堪稱亞洲飯店之最，幾乎天天客滿。如不提前一個月預訂是很難有機會入住的，而且客人大都來自西方已發展國家。東方飯店的經營如此成功，是他們有特別的優勢嗎？不是。是他們有新鮮獨到的招術嗎？也不是。那麼，他們究竟靠什麼獲得驕人的業績呢？要找到答案，不妨先來看看一位姓王的老闆入住東方飯店的經歷。

王老闆因生意經常去泰國；第一次下榻東方飯店就感覺很不錯，第二次再入住時，樓層服務生恭敬地問道：「王先生是要用早餐嗎？」王老闆很奇怪。反問：「你怎麼知道我姓王？」服務生說：「我們飯店規定，晚上要背熟所有客人的姓名。」這令王老闆大吃一驚，雖然他住過世界各地無數高級酒店，但這種情況還是第一次碰到。

王老闆走進餐廳，服務小姐微笑著問：「王先生還要老位子嗎？」王老闆的驚訝再次升級，心想儘管不是第一次在這裡吃飯，但最近的一次也有一年多了，難道這裡的服務小姐記憶力那麼好？看到他驚訝的樣子，服務小姐主動解釋說：「我剛剛查過電腦記錄，您在去年的 6 月 8 日在靠近第二個視窗的位子上用過早餐。」王老闆聽後興奮地說：「老位子！老位子！」小姐接著問：「老功能表，一個三明治，一杯咖啡，一個雞蛋？」王老闆已不再驚訝了，「老功能表，就要老功能表！」上餐時餐廳贈送了王老闆一碟小菜，由於這種小菜他是第一次看到；就問：「這是什麼？」服務生後退兩步說：「這是我們特有的某某小菜。」服務生為什麼要先後退兩步呢，他是怕自己說話時口水不小心落在客人的食品上。可以說這種高標準的服務不要說在一般的飯店，就是在美國頂尖的飯店裡王老闆都沒有見過。

後來，王老闆有很長一段時間沒有再到泰國去。但在他生日的時候卻突然收到了一封東方飯店發來的生日賀卡，並附了一封信。信上說東方飯店的全體員工十分想念他，希望能再次見到他。王老闆當時激動得熱淚盈眶，發誓再到泰國去，一定要住在「東方」，並且推薦自己的朋友像他一樣選擇「東方」。

其實，東方飯店在經營上並沒什麼新招、高招、怪招，他們採取的都是慣用的傳統辦法，向顧客提供人性化的優質服務。只不過，在別人僅局限於達到規定的服務水準就停滯不前時，他們卻進一步挖掘，按最高標準要求自己，抓住許多別人未在意的不起眼的細節，堅持不懈地把最優質的服務延伸到各個層面，落實到每個細節，不遺餘力地推向極致。由此，便輕而易舉地贏得了顧客的心，天天爆滿也就不奇怪了。

對於年輕人來說，以最高的標準要求自己，在工作的時候，就意味著做到讓客戶百分百地滿意，讓客戶感受到超值的服務，這也是優秀員工工作的唯一標準。

曾有一名偉大的推銷員這樣回憶他成功的歷程，他說：

他開始做推銷之前就讀很多關於自我啟發的書籍，這方面的書籍堆滿了他的書架，這些書中給他影響最大的是拿破崙·希爾的《成功哲學》。

他是 21 歲時和這本書相遇的，至今還有一節銘記在他的心中：「如果你想成功，必須明確自己的追求，並且要明確付出多少代價才能把它搞到手。為此，你要具體地設定目標，詳細、周密地做出到達目標的行動計畫，盡最大努力去做，每天大聲朗讀。在沒有實現目標之前就以目標的最高標準來要求自己。」當時，他的內心被「實現目標之前就像實現後那樣的高要求來認真對待」以及「所有的成功都取決於人的精神狀態」這種觀點強烈吸引，但並不真正理解它的含義。可是不久，他按照這種觀點去做以後便開始理解了其中的深刻內涵。

拿破崙·希爾講的所謂「實現目標之前就以目標的最高標準來要求自己」，就是「將自己成功時的形象，放到願望世界」。這樣放進願望世界裡的形象就成為人的動力，人將會有強烈欲望去積極採取有助於自己取得成功的行動。所謂成功始於內心，指的就是這樣的過程。工作，就以最高的標準來要求自己，而這種要求對人產生效果的原理就是透過這樣的行動選擇而表現出來的。

韓國現代公司的人力資源部經理在談到對員工的要求時是這樣認為的：「我們認為對員工的最好的要求是，他們能夠自己在內心中為自己樹立一個標準，而這個標準應該符合他們所能夠做到的最好的狀態，並引領他們達到完美的狀態。」

做一行，愛一行

有人問英國哲學家杜曼先生，成功的第一要素是什麼，他回答說：「喜愛你的工作。如果你熱愛自己所從事的工作，哪怕工作時間再長再累，你都不覺得是在工作，相反像是在做遊戲。」

年輕人，無論你從事的是怎樣的職業，也無論你當初選擇這份工作的原因是什麼，只要你選擇了這個企業，就要熱愛這個企業，擁有了這份工作，就要熱愛這份工作，這就是職業道德感。

挪威作家漢姆生說：「熱愛他的職業，不怕長途跋涉，不怕肩負重擔，好似他肩上一日沒有負擔，他就會感到困苦，就會感到生命沒有意義。」工作是我們實現自我價值、追求人生目標的重要途徑，唯有視其為使命，對它充滿尊敬之意，全力以赴、精益求精，才能勝任。

一個敬業的年輕員工的職業道德感最強，他們信奉真正的職業道德，做真正的職業人，這一點正是最值得員工學習的。人一生中扮演的人生角色有很多：子女、學生、同學、朋友……職業人也是其中一種。當我們能忠誠地做好其他角色的時候，為什麼就不能忠實地扮演好職業人這個很重要的角色呢？

也許你現在很迷惘，不知道前方的路該怎麼走，整天是做一天和尚撞一天鐘。那是因為你沒有給自己定位好，沒有熱愛自己的工作，沒有熱愛自己的公司和老闆，沒有明白職場中真正的職業精神。

現在當你想獲得老闆的信任，你就必須要做一行愛一行，做一行專一行，懂一行精一行。要有「勿以善小而不為，勿以惡小而為之」的敬業觀念。天下有大事嗎？沒有！任何小事都是大事。集小惡則成大惡，集小善則為大善。培養良好的職業精神，是從那很小很小的事開始的。這種精神是慢慢建立起來的，而不是特地找大事做。

在日本國民中廣為傳頌著這樣一個動人而真實的故事：

很多年前，一個少女來到東京帝國酒店當服務生。

這是她初入社會的第一份工作，因此她很激動，暗下決心：一定要好好做！可是她沒想到，上司竟安排她洗廁所！

洗廁所！沒人愛做，更何況從未做過粗重的活，細皮嫩肉，喜愛潔淨的少女！當她用自己白皙細嫩的手拿著抹布伸向馬桶時，胃裡立刻「造反」，翻江倒海，噁心得想嘔吐卻又怎麼也嘔吐不出來。而上司對她的工作品質要求特高：必須把馬桶抹洗得光潔如新！

這時候，她面臨著人生第一步怎樣走下去的抉擇：是繼續做下去，還是另謀職業？繼續做下去一太難了！另謀職業——知難而退！還是放棄回家去種地？可她不甘心就這樣敗下陣來，因為她想起自己初來曾下過的決心，人生第一步一定要走好，馬虎不得！正在這關鍵時刻，同單位一位前輩及時地出現在她面前，幫她邁好了這人生的第一步，幫她認清了人生路應該如何走。

前輩一遍遍地抹洗著馬桶，直到抹洗得光潔如新，然後，從馬桶裡盛了一杯水，一飲而盡喝了下去！實際行動勝過萬語千言，他不用一言一語就告訴了她一個極為樸素、極為簡單的真理：光潔如新，要點在於「新」，新則不髒，因為不會有人認為新馬桶髒，也因為新馬桶中的水是不髒的，是可以喝的；反過來講，只有馬桶中的水達到可以喝得潔淨程度，才算是把馬桶抹洗得「光潔如新」了，而這一點已被證明可以辦得到。

他送給她一個含蓄的、富有深意的微笑，送給她一束關注的、鼓勵的目光。她早已激動得幾乎不能自持，她目瞪口呆，熱淚盈眶，恍然大悟，如夢初醒！她痛下決心：「就算一生洗廁所，也要做一名洗廁所洗得最出色的人！」

從此，她一直秉著這樣一種真正的職業精神，從事著各種工作，一直到做了日本的郵政大使。

你看了這個故事是否有什麼感想呢？如果有的話，你已經在變化了，在開始變好了;如果只是當作小故事一帶而過，那麼你還是不明白什麼是真正的職業人，什麼是真正的職業精神，你要走的路還很長，甚至是有不少的彎路。你要逐步學著去向清水學習，要忠心耿耿的去完成職位賦予你的職責，做一個真正的職業人。

俗話說，不在其位，不謀其政。可是現在時代變了，現實也不同了，現在是：在其位，不僅要謀其政，還要另謀他政。當你在公司的時候要把公司當作自己的家去愛護，但不是說公司的一切你都可以隨便拿回家；當你掌握公司機密的時候不是為了自己口袋而隨便把機密洩露的；當你在公司做事的時候，不是讓你牢騷滿腹的，你要做的就是維護公司這棵不管是大是小的樹，讓他好好的生長。樹蔭大了，你才好乘涼啊！

做人就做真正的人，做工作就做真正的職業人。我們要時刻記著：我是一個職業人！做你該做的，為公司及你自己的榮譽和利益著想，這樣不管你是在什麼樣的公司，老闆都會從心底欣賞你，給你更多的機會，讓你不斷地在實戰中成長。身為一個職業人，有什麼比這更有吸引力的呢？

做真正的職業人，成就你自己！你就是老闆心目中的上帝！

果斷而不草率

我們職場中行進的道路上，經常會遇到許多大大小小的事要我們來決定。在每次做重大決定時，有些人往往總是遲疑不決，不能果斷行事，一點主見也沒有；有的人卻想也不想就張口應允，做決定草率而隨意，結果常常是決定不久便會出現一些大問題。所以，有時候一些重大問題常常會導致一些人的職業危機。因此，我們在工作中遇到問題，一定要養成果斷而不草率的習慣。這樣才能把事情處理好，而不會走向職業危機。

許多人都害怕作決定，因為每個決定對這些人而言，都是未知的冒險。而且最令人困惑的是，不知道這個決定是否重要。因為不知道這一點，他們毫無頭緒地浪費力氣，擔憂無數的問題，最後什麼都沒處理好。因此，這些人遇事總是遲疑不決、猶豫再三，就算是終於下了決心，也是推三阻四，拖泥帶水，一點也不乾脆俐落，而且又習慣於朝令夕改，一夕數變。

下決定就像在我們不知道內心真的想要何物時隨手丟銅板一樣。焦慮感會逼迫、強制我們就目前的事實行動。在一次調查報告的資料中顯示：透過對 2,500 名調查樣本的普查，「遲疑不決」名列失敗原因的榜首。同樣，在一份調查數百名百萬富翁的報告中顯示，百分之百的富翁都能夠果斷行事。而且即使他們打算改變初衷，他們也絕不會草率做決定的。

果斷決策的需要的是一種勇氣。做事猶豫的習慣會跟隨著上班族們走入他們的職業生涯裡。一旦養成做事猶豫的習慣，在職場上便很難有所突破，最終也只能淪入職業危機之中了。所以我們在工作中要培養做事果斷而不草率的勇氣，並且養成做事習慣。

忙要忙到點子上

紛繁的世界裡，一個人的生命是有限的，而每個人的生活節奏卻都很快，似乎誰都沒有閒著。如果我們的工作和生活總是被那些瑣碎的毫無意義的事情所占據，那麼我們就沒有精力去做真正重要的事情了。

普通的上班族們每天忙著培訓充電，忙著完成工作，忙著養家糊口，忙著……總有忙不完的事情在等著他們去完成，把他們忙得焦頭爛額，甚至於把「我沒空」、「我沒時間」經常掛在嘴邊。然而，忙完了之後，忙碌的結果卻大相徑庭，有的人忙成了百萬富翁，有的人卻還在危機的邊緣掙扎。

工作是一種價值的創造，不能產生價值的工作不能稱之為工作。在我們身邊，對工作重點漠不關心，甚至根本就抓不到重點，只把精力花費在那些瑣碎小事上，這樣的人實在是太多了。

在職場中我們總會看到：有的人看起來總是很忙碌，卻反反覆複總在重複著同一件事；有的人看起來付出很多，卻向來都是在事情的表面淺嘗輒止、不求甚解；有的人將目光總是停留在上司表面的吩咐上，讓我做計畫，我就做計畫，吩咐我做總結，就做總結；分配我做調查，就做調查；有的人面前工作一大堆，分不出一點頭緒，不知道先做哪樣後做哪樣。像這樣的人在工作上，根本就忙不到點子上，工作業績當然不會提高，人也被無止境的工作攪得一塌糊塗。

在以前社會的職場中，工作糊塗或整天混日子的人，或許有時還可以過得去，因為那時的競爭沒有像現在這麼激烈。可是如今不比當初，如果在現在的社會裡，再繼續這樣蒙混度日，做不出工作業績來，終究會陷入到進退維谷的危機境地的。

所以職場上，忙一定要忙到點子上才能見到效率，業績提高了當然也就不用擔心職業危機了。

小甲和小乙同在一家店裡工作，他們年齡相仿，薪金也一樣。可是不久，小乙便受到老闆的重視而平步青雲，而小甲卻接到了解聘的通知。

小甲對此充滿了抱怨，於是臨走天之前他勇敢地走到老闆那裡發了牢騷。等他發完了牢騷，老闆開口了：「我再給你一次機會，請你到集市上去一下，看看今天早上有什麼賣的。」

小甲趕緊奔向集市，一下子他急匆匆地回來向老闆彙報說，今早集市上只有一個農民拉了車馬鈴薯在賣。

「有多少？」老闆問。小甲趕緊又跑到集市上，然後回來告訴老闆一共有 40 袋馬鈴薯。「價格是多少？」小甲只好又第 3 次跑到集市上問了價錢。

「好吧！」老闆對他說，「現在請您坐在這把椅子上，一句話也不要說，看看別人怎麼做。」

老闆叫來了小乙，同樣讓他到集市上看有什麼東西賣。

小乙很快就從集市上回來了，並彙報說到現在為止只有一個農民在賣馬鈴薯，一共 40 袋，價格是多少；馬鈴薯品質很不錯，他帶回來一個讓老闆看看。這個農民還弄來幾箱番茄，據他看價格非常公道。昨天他們鋪子裡的番茄賣得很快，庫存已經不多了。他想這麼便宜的番茄老闆肯定要進一些的，所以他不僅帶回了一個番茄做樣品，而且把那個農民也帶來了。他現在正在外面等回話呢。

此時老闆轉向了小甲，說：「現在你肯定知道為什麼留他而裁你了吧？」

如果以來回一趟 20 分鐘計算，員工 A 用時 60 分鐘，且老闆共下達 3 次命令。小乙完成任務耗時 20 分鐘，老闆只需要下達一次命令。並且，除了完成既定任務外，小乙還為公司帶來了其他的額外收益。從事例中，我們不難看出小甲與小乙的差別在哪裡 —— 同樣一個工作或某個任務，一個用時 60 分鐘，一個用時 20 分鐘；一個需要老闆投入 3 次精力，一個需要老闆投入一次精力；一個忙了半天也沒忙到點子上，另一個則在完成本職工作的同時為公司創造了更多額外的收益。無論是比效率，還是比為工作做出的貢獻，二者都是不可同日而語的。更何況，有哪個主管喜歡被員工無休止地不斷請示呢？

我們經常聽到這樣的抱怨：「我如此努力地工作，甚至有的時候忙得連喝水、上廁所的時間都沒有，為什麼我還是不能夠完成自己的工作呢？」是因為他們偷懶嗎？是因為他們不聰明嗎？都不是，這主要是因為他們沒有利用好自己的時間，沒有把時間用在刀刃上。

那麼，怎麼樣才能夠把時間用在刀刃上呢？

第一，這也是最重要的一點，就是利用最佳狀態去辦最難和最重要的工作，這將讓你的工作效率在無形之中得到提高。

生物學家透過研究發現，人和其他生物的生理活動是有著明顯的時間規律的，人的智力、體力和情感都顯現出一種週期性的變化。一個善於管理自己時間的人，也應該是一個能夠找出自己在一天當中，什麼時間工作效率最高，並且能夠充分利用這段時間來處理最重要與最複雜的工作，而精力稍差時，用來處理例行公事的事情上的人。只要你堅持下去，你很快就能夠在你的同事當中脫穎而出。

加拿大聯合航運公司董事長凱特．傑瑞就是一個非常善於使用時間的人。8 歲的時候，凱特．傑瑞就跟隨母親移民到了英國。為了適應新的環境，他每天晚上都堅持和父親進行英語交流，在父親的提問下默寫單字，有的時候還在早上起床之後大聲朗誦英語文章。

到了 16 歲的時候，他不僅能夠講一口流利的英語，而且學業也相當優秀，最終成了加拿大聯合航運公司董事長。

第二，有效地管理好每一分鐘。無論工作多麼繁忙，時間多麼緊湊，只要你懂得擠時間，就會比別人得到更多的時間。比如，在候車、等人、開會，甚至上廁所的時候，別人可能是無所事事的，但是你如果能「擠出海綿」裡的水，利用它看報紙、與人交談、訪問調查，當然你就比那些白白把時間浪費掉的人有了更多的收穫。

第三，今天的事必須今天做完，絕不拖延到明天，這其實也是提高時間利用率的最簡單而有效的辦法。就好像日本效率專家桑名一央所說：「昨天已是無效的支票，而明天是預約的支票，只有今天才是貨幣，只有此時此刻才具有流動性。」

而在現實生活中，最可悲的人並不是軟弱無能的人，也不是窮困潦倒的人，更不是一事無成的人，而是不懂得利用時間的人。現如今，時間管理能力已經成為了企業衡量優秀員工的重要準則，也得到了越來越多人的重視。

該做的事情馬上做

職場上有一種人，他「目光遠大」，向來就只看到明天，唯獨看不到今天。明天成了他有恃無恐的理由。在他的邏輯中，明天就是希望的象徵，而今天相對於明天。就顯得太沒意義，他不會意識到總有一天，他的生命中將沒有明天。而且，明天的成功，沒有今天的努力作為踏板怎麼行？誰都明白，沒有誰能一步登天。若是對自己負責，就不要拿青春去賭明天。

這種人總是抱著這樣的想法：「白天做不完的工作，夜晚加班還可以做；今天做不完的工作，明天還可以做；平時做不完的工作，週六、週日還可以做，時間多得是。」這樣的想法使得本來 8 個小時可以做妥的事被拖延到 10 個小時才能完成；5 天可以做成的事要拖到 6 天甚至一週才完成。這樣的員工怎麼能不陷入職業危機呢？

時間是一種看不見摸不著的東西，它就是在這樣一點一點的延誤中悄悄地逝去了。然而，總喜歡拖延工作的人卻毫不珍惜，總是要等到最後一分鐘才去做，不但讓事情變得更困難，以致經常延誤時效，業績無法提高，使自己走到危機邊緣。

王力就是這樣的一個人，他從事的是預算工作。他平時就有拖延工作的習慣，自己也知道這樣不應該，於是有一天早上，他於上班途中便信誓旦旦地下定決心，一到辦公室即著手草擬下年度的部門預算。

王力準時於 9 點整走進辦公室。但他並不立刻從事預算的草擬工作，因為他突然想到不如先將辦公桌以及辦公室整理一下，以便在進行重要的工作之前為自己提供一個乾淨與舒適的環境。他總共花了 30 分鐘的時間，使辦公環境變得有條不紊。他雖然未能按原定計劃於九點鐘開始工作，但他絲毫不感到後悔，因為 30 分鐘的清理工作不但已獲得顯然可見的成就，而且它還有利於以後工作效率的提高。

他面露得意神色隨手點了一支香煙，稍作休息。此時，他無意中發現報紙彩圖照片是自己喜歡的一位明星，於是情不自禁地拿起報紙來。等他把報紙放回報架，時間又過了 20

分鐘。這時他略感不自在，因為他已經自食其言。不過，報紙畢竟是精神食糧，也是重要的溝通媒體，要想了解外界資訊怎能不看報。何況上午不看報，下午或晚上也一樣要看。這樣自己一開脫，心也就放寬了。

於是他正襟危坐地準備埋頭工作。就在這個時候，電話聲響了，那是一位顧客的投訴電話。他連解釋帶賠罪地花了二十分鐘的時間才說服對方平息怒氣。掛上了電話，他去了洗手間。在回辦公室途中，他聞到咖啡的香味。原來另一部門的同事正在享受「上午茶」，他們邀他加入。他心裡想，剛費心思處理了投訴電話，一時也進入不了狀態，而且預算的草擬是一件頗費心思的工作，若無清醒的腦筋則難以勝任，於是他毫不猶豫地應邀加入，便在那山南水北海闊天空地聊了一陣。

回到辦公室後，他果然感到精神奕奕，滿以為可以開始致力於工作了。可是，一看表，乖乖，已經十點三刻！距離午休吃飯的時間只剩下 15 分鐘。他想：反正在這麼短的時間內也不適合開始比較龐大的工作，下午還要開部門聯席會議，乾脆把草擬預算的工作留待明天算了。

王力的一天就這樣過去了，儘管王力自己也知道養成這樣拖延的惡習不好，可是他始終沒有改過，結果在年終人事調整的時候，因為王力做出的業績寥寥無幾，結果被老闆解僱。

其實，在職場上，每個員工的時間都不是很寬鬆的。昨天有昨天的事，今天有今天的事，明天有明天的事。今天的工作，今天就要去做，一定不要拖延到明天，因為明天還有新的工作和事情要處理。

放著今天的事情不做，非得留到以後去做，其實在這個拖延中所耗去的時間和精力，就足以把今天的工作做好。所以，把今天的事情拖延到明天去做，實際上是很不划算的。比如寫信就是一例，一收到來信就回覆是最為容易的，但如果一再拖延，那封信就不容易回覆了。因此，許多大公司都規定，一切商業信函必須於當天回覆，不能讓這些信函拖到第二天。

有一些人的時間抓不緊，便埋怨今天天氣不好、身體不舒服，或者有幾個資料沒找到不好動手，待找全了資料一鼓作氣完成；或者說現在條件不成熟，急不得，慢慢來；或者說昨天夜裡沒睡好，頭昏昏然；或者認為中國向來是「槍打出頭鳥」，「雨打出頭椽」，還是看看「左鄰右舍」再說吧！找出一大堆不一而足的理由原諒自己，給自己拖延的藉口。好像今天的事情今天做就必定要犯錯誤似的。

其實那種工作拖拖拉拉，毫無生氣本身就是浪費青春，是一種慢性自殺。在時間面前，弱者是無能的，他只是看著珍貴的時間白自流去；而強者卻是時間的主人，充分利用分分秒秒為實現理想而努力工作。所以，身在職場，為了不踏入職業的危機之中，就要養成「該做的事情忙上做」的良好習慣，及時處理好自己負責的工作，這樣才能夠提高業績，贏得職場中的一席之地。

有效利用時間提高效率

人的生命是有限的。以現在人均壽命計算，人一生將占有 50 多萬個小時，除去睡眠時間也有 30 多萬個小時。人的一生是消耗時間的過程，不同的是每個人對時間的利用和發揮是不一樣的，因而實際生命的長短也是不一樣的。比如：以分計算時間的人比用小時計算時間的人要多擁有 59 倍的時間；以秒計算時間的人則又要比用分計算時間的人多擁有 59 倍的時間。對於珍惜時間的人來說，時間就這樣不斷增加，甚至是成倍地增加。

所以說，時間無限，生命有限。在有限的生命裡能倍增時間的人就擁有了做更多事情的資本。

時間的寶貴，在於它既是一個公平地分配給每個人的常數，又是一個變數，對待它的態度不同，獲得的價值也就有天壤之別。時間就像在冥冥中操縱一切的神靈，它絕不會辜負珍惜它的人。時間給予珍惜它的人的回報是豐厚的，反之，時間對人的報復是無情的。

在一個人的職業生涯裡，有些人在工作中常常身兼數職、工作繁忙，卻能夠把每件事情都做得井井有條；而有的人即便只是擔負一個小小的項目也會忙碌得人仰馬翻、一塌糊塗，不僅搭上了業餘時間、休息時間，而且在身心疲憊的同時還做不出什麼工作業績，最終淪落到職業危機的邊緣。

這兩者之間的區別就在於：是否能夠有效利用工作時間，進行高效工作。

美國商業菁英鮑伯．費佛都把他的時間有效地利用。在他的每個工作日裡，一開始的第一件事情，就是將當天要做的事情分成三類：第一類是所有能夠帶來新生意、增加營業額的工作；第二類是為了維持現有的狀況、或使現有狀態能夠繼續存在下去的一切工作；第三類則包括所有必須去做、但對企業和利潤沒有任何價值的工作。

在完成所有第一類工作之前，鮑伯．費佛絕不會開始第二類工作，而且在全部完成第二類工作之前，絕對不會著手進行第三類工作。

「我一定要在中午之前將第一類工作完全結束」，鮑伯給自己規定因為上午是他認為自己最清醒、最有建設性思考的時間。「你必須堅持養成一種習慣：任何一件事情都必須在規定好的幾分鐘、一天或者一個星期內完成，每一件事情都必須有一個期限。如果堅持這麼做，你就會充分利用了你的時間，大大提高了你的工作的效率。」

由上面的例子不難看出，在職場中，有些人的工作效率低，業績提高不上來，絕對不是因為工作任務太重。也絕對不是因為 8 小時的時間太短暫，而是沒有合理的安排時間，沒有有效地利用時間，所以才走進了職業的危機。

有些員工工作時間喜歡開小差，打私人電話、發私人郵件；有些員工喜歡工作時間聚眾聊天，侃來侃去就忘記了時間和工作；有些員工做事向來沒有條理，忙完東就忘記了西……於是，加班或把工作帶回家，便成為了他們「忙」的理由、努力付出的佐證。這，能算是真正的忙嗎？

顯而易見，這樣所謂的忙，只不過是「偷懶」的代名詞罷了！

一個人不懂得有效地利用工作時間，在上班時間不努力工作，而事後卻疲於彌補的人，終將會掉入職業危機的陷阱的。而補救的方法也只有一個，那就是——有效地利用時間提高工作效率。

曾有一位青年人向愛因斯坦詢問道：「先生，您認為成功人士是如何成功的，有無祕訣？」愛因斯坦非常認真地告訴他：「成功等於少說廢話，加上多做實事。」

愛因斯坦的話，聽起來很簡單，但是如果我們細想一下，就能領會到這其中的道理。愛因斯坦其實是想告訴這位青年人，不要把時間浪費在一些無聊的閒扯之中，而要抓住現在的每分每秒，做一些確實有用的事情，堅持下去，成功就不遠了。

身為一名員工，我們要對自己的工作負責；身為家庭成員，我們要對自己的前途負責；身為一個社會的人、獨立的人，我們要對自己的人生負責。如果你不想將自己寶貴的時間荒廢在無用的瑣事上，如果你不想長年累月地在危機的邊緣徘徊，那麼，合理利用時間、高效工作就是你必須要做到的。

只有高效利用時間工作，我們才能在有限的時間內創造出高人一籌的業績；只有利用時間高效工作，我們才能避免走入職場危機：也只利用時間高效有高效工作，我們才能將工作真正做到最好，履行好自己的職業使命、人生使命。人，永遠是時間的主人。有效地利用時間來提高工作效率是避免職場危機的一個重要法則之一。

一天之計在於晨

當清晨的第一縷明媚而燦爛的陽光照進你的房間，照亮你心靈的時候，你應該面帶微笑，充滿喜悅和希望地對自己說：「在新的一天裡，我會更加努力！」

清晨不但是一天的開始，也是一個人工作的開始。一個人如果不善於利用早晨的時間，還是一直沉浸在美夢之中，那麼必然只會懵懵懂懂地混過一天，這樣下去對自己是非常不利的。成功人士都是每天早晨把當天要完成的工作按照一定的順序安排好，然後將一天的時間合理地分配妥當。這樣一來，在一天當中才不會浪費時間，也可以放下心來做已經計劃好的工作，同時做起來也比較輕鬆順手。

約德爾一直都在從事海上貿易。有一次他與人合夥做生意，不料他們的貨物在海上運輸的時候遭遇到了風暴，所有財產都沉入了海底。

約德爾在遭受這一沉重打擊下日漸消沉，整天無所事事。有一天，他向朋友邁瑞克抱怨自己的不幸，邁瑞克對他說：「我有一個好辦法可以解除你的痛苦。每天在早晨起來的時候一定要先想一想：今天我要振作起來，要做點什麼？對自己這一天的時間有一個事先的安排，之後再把所有的精力都投入進去，讓自己忙碌起來，因為忙碌可以忘記憂傷。

在半個月之後，約德爾非常高興地對邁瑞克說：「從那天開始，我每天早上計劃一天的工作，從開始計劃借錢投資做生意，一直到後來計畫收入多少，現在我不僅已經賺到了1,000 美金，而且自己的煩惱也消失了。

在生活當中，有許多人像約德爾一樣經歷過不幸，但是我們如果也能夠做到像他一樣，讓清晨成為一個良好的開端，在每天清晨做好一天的計畫，那麼不幸就會從身邊走掉，成功也不會太遠了。

在人們所有的時間當中，早晨這一段美好的時光是最不容忽視的。早晨不僅空氣清新，而且環境也比較安靜。這個時候的人們在一夜的充足睡眠之後，精力最為充沛，頭腦也非常清醒，能夠勝任謀劃和思考各種複雜問題。許多人的成功，大部分都是因為抓住了清晨這段重要的時間，為做成大事奠定了基礎。

恰當地安排好一天的時間，卓有成效地完成工作，我們可以從以下幾點入手：

第一，在早晨洗漱的時候，面對鏡子中的自己微笑一下，給自己一個好的心情，同時對自己堅定地說：「我一定行！」信心與快樂能夠讓你的一天精力充沛，並且能夠積極地面對可能遇到的一切。

生活經常是這樣，當你以一種豁達、樂觀向上的心態面對現實，並且有效地利用好時間，全身心地投入工作的時候，眼前就會呈現出一片光明，而你也能夠順利地完成你沒有完成的事業，從而達到成功的目的。

但是反之，當你將思維囿於憂傷的樊籠裡，未來自然也就會變得黯淡無光。長此下去，你不僅浪費掉了屬於自己的寶貴時間，而且還會失去最起碼的信念和奮鬥的勇氣。

你完全可以想一下今天可能要處理的事情，安排好一天的工作，並且逐步去完成。先著手做急迫的，或者是最為重要的事情，把次要的工作放在效率較低的下午去做。

你一定要將今天需要做的事做一個安排，並且把它畫一幅圖，或者是寫一張紙條放在你最容易看見的位置上，你的工作、你的精力自然就會投入到你的目標中去。你完全不需要在別人的督促下去學習、工作，去實現自己人生的目標，因為時間會促使你去更好地完成你的目標，也會讓你的工作效率大大提高。

每天都應該有一個計畫，然後再開始投入工作。從清晨就開始投入工作，這對於我們每一個人來說，這一天都會有一個高效率的良好的工作狀態。

當你面對嶄新的一天，到底是沉浸於之前的失敗與痛苦中，還是以樂觀的、積極的心態去迎接它，選擇的權力完全在你的手中。

一日之計在於晨，從現在起，讓我們去試著改變自己的生活。每天的清晨給自己一個自信的微笑，那麼你的工作也會與成功人士一樣高效。

一次只做一件事

美國首都紐約中央車站問詢處，每天流客都絡繹不絕，許多陌生的旅客不可避免要問一些問題。如何在給提問者回答的時候，做到方寸不亂，對於櫃檯後面的服務員來說，確實是件為難的事。可事實上，有人注意到，有一個服務員的工作狀態卻好到了極點。

此刻在她面前的旅客，是一個矮胖的婦人，臉上充滿了焦慮與不安。服務員把頭抬高，集中精力，透過她的厚鏡片看著這位婦人，「你要去哪裡？」

這時，有位穿著入時，一手提著皮箱，頭上戴著昂貴的帽子的男子，試圖插話進來。但是，這位服務員對他卻置之不理，只是繼續和這位婦人說話：「你要去哪裡？」

「特溫斯堡。」

「是俄亥俄州的特溫斯堡嗎？」

「是的。」

「那班車將在 10 分鐘之後發車，上車在 15 號月臺。你快點走還趕得上。」

「我還能趕得上嗎？」

「是的，太太。」

婦人轉身離去，這位服務員立即將注意力轉移到下一位客人 —— 剛才插話的那位戴著高貴帽子的男子。但這時先前那位婦人又回頭來問了一句：「你剛才說是 15 號月臺？」這一次，這位服務人員集中精力在下一位旅客身上，輪到對這位頭上綁絲巾的婦人置之不理了。

有人請教那位服務員：「能否告訴我，你是如何做到並保持冷靜的呢？」

那個服務員說：「我一次只專心服務一位旅客，這樣工作起來才能有條不紊，為更多的人服務。」

一個人的生命是有限的，如果我們的工作和生活總是被那些瑣碎的、毫無意義的事情所占據，那麼我們就沒有精力去做真正重要的事情了。

魯迅先生當年在上海寫作時，他曾給自己定下一條原則：除非有特殊的緊急事件要處理，否則就要全身心地投入到寫作工作中去。他把所有的精力集中在一件事情上，為自己營造一個創作與高效率結合的工作環境。他每天一坐到桌子前，就不再想別的事，就算是手中的書稿寫到最後結尾時，他也絕不會想著其他的什麼。這條原則伴隨魯迅專心致志地忘我工作，讓魯迅沒有感覺到寫作是一件枯燥無味的工作。他在上海近 10 年之間創作了大量的作品，《而已集》、《三閒集》、《二心集》等作品都是他在上海期間所作。當一個人專心致志於一件事情的時候，好像世界上就只剩下了這一件事。

對於一個員工來說，做好每一件事是一個員工縱橫職場的良好品格，但是如果一個人不能專注於自己的工作，不能把工作做好，那麼他很難得到老闆的器重與提拔。在現在的社會中，想必沒有哪個企業會喜歡做事三心二意、馬馬虎虎的員工，所以一次只做一件事是把事情做好，提高工作效率的最好策略。

然而，在生活中，我們經常都會遇到這樣的經歷：當我們正在全神貫注地工作時，總是會被一些瑣事所干擾。比如有同事過來請求協助，有下屬過來彙報問題，上司派下新的任務……這些迫使我們不得不中斷正在進行中的工作，使我們亂了工作的重點。因為這樣來回折騰幾個回合後，就可能連一件事情也做不成，甚至還可能因為亂七八糟的瑣事而忘了剛剛理清的思路，手頭正在做的事也因此不能再繼續深入下去。所以我們必須得選用「一次只做一件事」的方法來緩解「窮忙族」的忙碌。

「一次只做一件事」是解決工作效率低下問題的良藥。大富豪德魯克曾在《哈佛商業評論》上就「一次只做一件事」發表文章非常肯定地指出：「我還沒有碰到過哪位經理人可以同時處理兩個以上的任務，並且仍然保持高效。」

卓越的職場人士往往懂得專注於一項工作的重要性。事情多了心就沒有空間，能量就被事情的瑣碎給耗費殆盡。

每個人的工作時間都是一定的，但是每個人的工作效率卻常常不同，主要在於人們能否對時間進行合理安排和運用。合理運用事例中的方法，學會「一次只做一件事」，我們就能成為時間的主人。

三分苦幹，七分巧幹

美國著名企業家詹姆斯在總結自己成功經驗時說：「你可以超越任何障礙。如果它太高，你可以從底下穿過；如果它太矮，你可以從上面跨過去。」所以說，在這個世界上是根本不存在什麼困難的，只存在暫時沒有找到解決問題的辦法，而在有的時候，當我們換一個思路來思考問題，那麼問題可能就會迎刃而解。

有一家建築公司的總經理有一天收到一份購買兩隻小白鼠的發票，總經理看完之後大惑不解，就命人把購買這兩隻小白鼠的員工找了過來，問他為什麼要購買它們。

這位員工回答說：「上個禮拜我們公司去一個社區裝修房子，需要安裝新的電線，可是我們卻要把電線穿過一根十公尺多長，但是直徑只有二公分的管道，而這根管子是砌在牆裡面的，而且還拐了四個彎，我們當時費了很多的力，誰也沒有辦法把電線穿過去，後來我想到了一個主意。」

「我到一個寵物店裡面買了兩隻小白鼠，一公一母，然後我把電線的一頭繫在一隻公白鼠身上，而在管道的另一頭讓母白鼠在那裡『吱吱』地叫，結果這隻公白鼠聽到母白鼠的叫聲，就順著管道爬了過去，電線自然也就穿過去了。」

這位員工非常聰明，他用自己的智慧解決了企業的難題。所以說工作當中沒有解決不了的問題，有的時候我們只需要變通一下思維，可能就會得到一個意想不到的結果。

在很多情況下，一個好的思路，就如同一把人生戰場上的利劍。但是最後能不能在人生的戰場上獲得勝利，最為關鍵的還是在於拿劍的人。只要你能夠把這把利劍使用好，你的人生就會輝煌騰達。

俗話說：「三分苦幹，七分巧幹。」這句話告訴我們，做事情的時候一定要重視尋找解決問題的辦法和思路，用靈活的方法來解決問題，千萬不要只是不顧一切去做。

福特汽車公司是美國最早、最大的汽車製造商，在 1956 年，福特公司推出了一款新車，這款新車不管是從造型上，還是從性能上來說，都是相當不錯的，而且價格也很合理，但是令人感到奇怪的是，這款新車上市之後卻賣得並不好。

福特公司的高層為此事傷透了腦筋，這個時候，有一位剛剛參加工作不久的新員工想出了一個主意，建議再刊登一則廣告，內容是：「花 56 美元買一輛 56 型的福特。」

其實這句廣告詞背後的意思是：誰想買一輛 1956 年生產的福特汽車，只需要先支付 20%的貨款，而剩下的部分每個月只需要支付 56 美元。

結果正是「花 56 美元買一輛 56 型的福特」的做法，一下子就打消了很多人對於這款車價格的擔心。

廣告刊登不到一個月時間，奇蹟就發生了。在之後短短三個月的時間裡，這款汽車一下子成為了福特汽車公司銷售量最好的車型。

而這位提出創意的年輕員工，也一下子就受到了公司高層的賞識，被調到了華盛頓的公司總部，後來他透過自己的不斷努力成為了福特汽車公司的總裁。

正是這樣一個小小的改變，解決了福特公司的大問題，可見，巧辦事的效果是多麼的好。

總而言之，變通才是企業制勝的法寶，也是我們每一個人獲得發展和成功的不二法門，更是把複雜問題簡單化的捷徑。

所以，我們在工作當中，一定要透過轉變思想，時刻去提醒自己要把複雜的事情簡單化。而具體地來說，如果想要達到這個目的，我們可以從以下幾個方面出發：

第一，把複雜問題分解，一個個去做。

在我們的工作當中，有很多工往往會有複雜的流程，而有的流程不是多餘，就是過於繁複，為此，我們需要把複雜的問題進行分解，一個一個地去擊破。因為小的任務總是要比大的任務簡單很多。等到所有的小任務都完成了，這個大任務就會引刃而解了。

第二，要先考慮主要情況，一些特殊情況可以先放下。

很多人在考慮問題的時候，總是喜歡追求完美，想一下子能夠把所有的問題都解決，但是實際情況卻並不容易，因為我們每個人的精力是有限的，而且工作的時間也是有限的。如果過於追求完美，就很有可能導致主要的問題遲遲不能夠得到解決。

目標一定要專一

作家愛默森（Ralph Waldo Emerson）認為：「生活中有件明智事，就是精神集中；有一件壞事，就是精力渙散。」如果一個人想法太多，或者是想要實現的目標太多，那麼當然是無法做到精神集中，從而導致精力渙散。所以，目標太多跟沒有想法、沒有目標其實是一樣的效果。

想法太多的人經常會因為目標太多而墮入空想，最終導致自己不能夠專注地去做事情，不能把時間和精力用於實現某一個具體目標上。這種行為其實是造成一個人事業失敗的重要因素之一。如果一個人想做的事情過多，那麼結果常常會不盡如人意，最終會一事無成。

導致這種想法太多、目標太多的人從成功走向失敗的根本原因就在於，目標太分散以至於無法專注集中任何一個目標。

這裡是非洲的馬拉河，河谷兩岸青草肥嫩，一群群羚羊在那裡美美地覓食。一隻非洲豹隱藏在遠遠的草叢中，豎起耳朵四面旋轉。牠覺察到了羚羊群的存在，然後悄悄地、輕手輕腳地、慢慢地接近羊群。越來越近了，突然羚羊有所察覺，開始四散逃跑。非洲豹像百米運動員那樣，瞬時爆發，像箭一般衝向羚羊群。牠的眼睛盯著一隻未成年的羚羊，一直向牠逼去。羚羊是跑得飛快的，非洲豹更快。在追與逃的過程中，非洲豹超過了一頭又一頭站在旁邊觀望的羚羊，但牠沒有掉頭改追這些更近的獵物。牠直朝著那頭未成年的羚羊瘋狂地追。那隻羚羊已經跑累了，非洲豹也累了，在累與累的較量中比最後的速度和堅持力。終於，非洲豹的前爪搭上了羚羊的屁股，羚羊被絆倒了，豹牙直朝羚羊的脖頸咬了下去。

可以說，一切肉食動物都知道在出擊之前要隱藏自己，而在選擇追擊目標時，總是選那些未成年的，或老弱的，或落了單的獵物。在追擊過程中，牠為什麼不改追其他顯得更近的羚羊呢？因為牠已很累了，而別的羚羊還不累呢。其他羚羊一旦起跑，也有百米衝刺的爆發力，一瞬間就會把已經跑了百米的豹子甩在後邊，拉開距離。如果丟下那隻跑累了的羚羊，改追一頭不累的羚羊，以自己之累去追不累，最後一定是一隻也追不上。

如果我們想成為一個眾人嘆服的領袖，成為一個才識過人、卓越優秀的人物，就一定要排除大腦中許多雜亂無緒的念頭。如果我們想在一個重要的方面取得偉大的成就，那麼就要大膽地舉起剪刀，把所有微不足道的、平凡無奇的、毫無把握的願望完全「剪去」，即便是那些看似有可能實現的願望，也要服從於自己的主要發展方向，必須忍痛「剪掉」。

世界上無數的失敗者之所以沒有成功，主要不是因為他們才幹不夠，而是因為他們不能集中精力、不能全力以赴地去做適當的工作，他們將自己的大好精力消耗在無數瑣事之中，而他們自己竟然還從未覺悟到這一問題：如果他們把心中的那些雜念一一剪掉，使生命力中的所有養料都集中到一個方面，那麼他們將來一定會驚訝 —— 自己的事業竟然能夠結出那麼美麗豐碩的果實！擁有一種專業的技能要比有十種心思來得有價值，有專業技能的人隨時隨地都在這方面下苦功求進步，時時刻刻都在設法彌補自己此方面的缺陷和弱點，總是想把事情做得盡善盡美。而有十種心思的人不一樣，他可能會忙不過來，要顧及這一點又要顧及那一個，由於精力和心思分散，事事只能做到「尚可」，當然不可能取得突出的成績。

那些富有經驗的園丁往往習慣把樹木上許多能開花結果的枝條剪去，一般人往往覺得很可惜。但是，園丁們知道，為了使樹木能更快地茁壯成長，為了讓以後的果實結得更飽滿，就必須要忍痛將這些旁枝剪去。否則，若保留這些枝條，肯定會極大地影響將來的總收成。

那些有經驗的花匠也習慣把許多快要綻開的花蕾剪去，儘管這些花蕾同樣可以開出美麗的花朵，但花匠們知道，剪去大部分花蕾後，可以使所有的養分都集中在其餘的少數花蕾上。等到這少數花蕾綻開時，就可以成為那種罕見、珍貴、碩大無比的奇葩。

做人就像培植花木一樣，應該「剪掉」不適合自己做的事情，留下一個適合自己發展的空間。我們與其把所有的精力消耗在許多毫無意義的事情上，還不如看準一項適合自己的重要事業，集中所有精力，埋頭苦幹，全力以赴，這樣才能取得傑出的成績。

對大部分人來說，如果一入社會就善用自己的精力，不讓它消耗在一些毫無意義的事情，那麼就有成功的希望。但是，很多人卻喜歡東學一點、西學一下，儘管忙碌了一生卻往往沒有培養自己的專長，結果，到頭來什麼事情也沒做成，更談不上有什麼強項。

明智的人懂得把全部的精力集中在一件事上，唯有如此方能將精力更多地聚集在一點上；明智的人也善於依靠不屈不撓的意志、百折不回的決心以及持之以恆的忍耐力，努力在激烈的生存競爭中獲得勝利。在實現目標的道路上，最忌諱的就是朝三暮四。

「把所有的雞蛋放入同一個籃子，並照管好那個籃子。」在實現人生的目標中也應該如此。既然選擇了一個目標，就不要讓這個目標輕易地失去。

一場雪後，一位父親指著遠方的一棵樹對兒子說：「我們一起向著那棵樹的位置走，看誰的腳印走得更直」。兒子心想：這很簡單，我只要腳跟並腳尖一步步走，我贏定了。結果出來了，父親的腳印筆直的一串，像是用機器壓製出來的一樣，整整齊齊，而兒子的腳印卻歪歪扭扭不成樣子。兒子問父親原因，父親平靜的回答：

「我在走的時候並沒看腳下，而鎖定了那棵樹的位置，眼睛一直盯著那棵樹，這樣就很容易走成了一條直線。」

你可以一輩子不登山，但你心中一定要有一座山，它可以使你有奮鬥的方向，讓你有人生的目標。它使你總往高處爬，使你在任何時候都不會迷失方向，任何時間抬起頭，看見山尖，就能看到自己的希望。

有人問微軟總裁比爾蓋茲成功的祕訣，比爾蓋茲回答道：「選定一件事就咬住不放。世界上成功的人，不是那些腦筋好的人，而是對一個目標咬住不放的人，我想我們應該只做軟體。」

比爾蓋茲的話中談到了兩件事，其一是選定一個目標，其二是咬住不放。將放大鏡在陽光下聚焦，並把焦點固定在紙的一點上，很快就能將紙點燃，如果不停地移動焦點，那你永遠也別想看到火焰。你只有將目標準確定位，才能集中精力，實現理想。

世間最容易的事是堅持，最難的事也是堅持。說它容易，因為只要願意做，人人都能做到；說它難，因為真正能夠做到的，終究只是少數人。成功在於堅持，堅持到底就是勝利。任何成績的取得、事業的成功，都源於人們不懈的努力和執著的探索追求：淺嘗輒止，一曝十寒，朝三暮四，心猿意馬，只能望著成功的彼岸慨嘆，只能收穫兩手空空。勝者的生存方式就在於，能夠堅持把一件事做下去，積跬步以成千里，匯小河以成江流。

愛迪生（Thomas Edison）說過，全世界的失敗，有

75%只要繼續下去，原本都可成功；成功最大的阻礙就是放棄。如果目標總是游移不定，那你將一無所獲。一個成功的獵人一天可能會打下 100 隻鵪鶉，但他每次肯定只是瞄準一隻，而不是向一群鵪鶉開槍。所以，時間越近，目標應該越集中、越具體、專一，三心二意永遠成不了氣候。目前許多剛從學校畢業的年輕人，雖然躊躇滿志，也算勤奮努力，但稍遇挫折就主動放棄，結果只能是失敗。

所以，在選定一個目標之後，萬萬不可受到點挫折就故步自封甚至乾脆放棄，必須愈挫愈勇，咬住不放，一定會成功。成功的大門永遠會朝著那些有目標，而且目標專注，並為之努力的人們敞開。有目標、有努力方向的人，他們知道自己應該向著何處前進。沒有目標，或目標太多，當然就不能夠迅速地前進。有的人曾經這樣說：「如果你不知道你是往何處去，便不會達到什麼特殊的目的。」

電子書購買

國家圖書館出版品預行編目資料

總是後悔錯過時機，莫非在等時光機？財富、智慧、地位？想成為人生勝利組，你唯一缺乏的就是精準「理時」觀！ / 林庭峰，王雪 著 . -- 第一版 . -- 臺北市：崧燁文化事業有限公司, 2022.10

面； 公分

POD 版

ISBN 978-626-332-797-9(平裝)

1.CST: 時間管理 2.CST: 工作效率 3.CST: 職場成功法

494.01　　111015238

總是後悔錯過時機，莫非在等時光機？財富、智慧、地位？想成為人生勝利組，你唯一缺乏的就是精準「理時」觀！

臉書

作　　者：林庭峰，王雪
發 行 人：黃振庭
出 版 者：崧燁文化事業有限公司
發 行 者：崧燁文化事業有限公司
E-mail：sonbookservice@gmail.com
粉 絲 頁：https://www.facebook.com/sonbookss/
網　　址：https://sonbook.net/
地　　址：台北市中正區重慶南路一段六十一號八樓 815 室
Rm. 815, 8F., No.61, Sec. 1, Chongqing S. Rd., Zhongzheng Dist., Taipei City 100, Taiwan
電　　話：(02) 2370-3310　　　傳　　真：(02) 2388-1990
印　　刷：京峯彩色印刷有限公司（京峰數位）
律師顧問：廣華律師事務所 張珮琦律師

定　　價：375 元
發行日期：2022 年 10 月第一版
◎本書以 POD 印製